THE RISE AND FALL OF EMPIRES

沈墨然 著

帝國興衰錄

從王朝更迭看戰爭的影響

千年征戰，烽火不息，每場廝殺皆是命運與智謀的交鋒

從帝王野心到將帥悲歌，歷史人物在硝煙中刻下永恆姓名

目錄

第一章　周朝崛起與霸主之爭……………………005

第二章　戰國紛爭與軍事革新……………………043

第三章　秦漢興衰與楚漢爭霸……………………103

第四章　兩漢風雲與三國鼎立……………………135

第五章　三國爭霸與英雄末路……………………167

第六章　南北朝亂世與唐朝建立…………………225

第七章　唐朝由盛轉衰……………………………243

第八章　宋遼金三國鼎立與蒙古崛起……………257

目錄

第九章　明清交替與近代中國的開端……………………287

第十章　近代中國的內憂外患…………………………329

第一章 周朝崛起與霸主之爭

導言

中國歷史悠久，戰爭貫穿其發展脈絡，而從武王伐紂到楚莊王問鼎中原的這一系列戰爭，不僅決定了周朝的興衰，也深刻影響了後世的政治格局、軍事戰略與文化觀念。這些戰役所揭示的權謀、戰術、軍事制度及政治理念，在隨後的歷代王朝中持續發揮作用，對中國歷史發展產生了不可忽視的影響。

周武王伐紂的成功不僅象徵著商朝的終結，也奠定了「天命」理論，影響中國數千年的政治合法性。武王在牧野之戰中以民心所向、聯合諸侯的方式推翻商紂王，為後世改朝換代提供了範例。此後，每當王朝更替，歷代君主都會援引「天命」來證明自己的統治正當性，如漢高祖劉邦建立漢朝、朱元璋推翻元朝等，均利用民意與天命來鞏固自身的正統地位。周武王建立的分封制度在中國歷史上存續了數百年，直至秦始皇實行郡縣制才被徹底取代。然而，分封制的影響並未完全消失，後世如唐朝的藩鎮、明清的封藩制度，皆可見其遺緒。此外，武王以聯合諸侯方式攻滅商朝的策略，也被後來戰國時期的「合縱」戰略所借鑑，展現出聯盟作戰的有效性。

周穆王的西征則確立了周朝的邊疆擴張政策，奠定了中國王朝對邊疆民族的治理模式。西征不僅加強了周王的權威，也促使後世王朝重視邊疆發展，例如漢武帝時期對匈奴的討伐、唐朝對西域的經略，均延續了周穆王時期的擴張戰略。這一策略的核心在於不僅以軍事武力征服邊疆地區，更在文化與政治上進行同化，使中央政府得以長期控制邊陲。此外，周穆王的遠征也開啟了中國歷代王朝對外交通的先例，為後來的絲綢之路奠定了基礎，促進了中國與西域地區的文化交流。

齊魯長勺之戰則展現了弱國如何以戰術制勝強敵，成為中國軍事史上經典的以弱勝強案例。魯國在此戰中運用「後發制人」的戰術，使戰鬥轉向有利於己方的局勢，這種策略後來在孫子兵法中的「以逸待勞」理論得到進一步闡述。在歷史上，類似戰術曾多次被運用，如韓信的背水一戰、明朝戚繼光對抗倭寇的伏擊戰等，皆是「後發制人」的成功實踐。此外，此戰也顯示了紀律與戰術運用對戰爭勝敗的重要性，影響後世軍隊的訓練與作戰思維。

齊桓公的「尊王攘夷」政策奠定了春秋時期的政治格局，他以霸主的身分號召諸侯尊奉周天子，確立了霸權政治的運作模式。這種模式影響了後來的戰國外交，使「合縱連橫」成為各國競爭的主要手段。齊桓公的成功也讓後世統治者學會利用道義來合理化自己的政治行動，例如唐太宗李世民在位時，強調以「王道」治理天下，以德服人，這與齊桓公透過尊王攘夷來凝聚諸侯的策略異曲同工。此外，齊桓公以經濟發展和軍事實力結合的方式，鞏固國家實力，這一策略也影響後來歷代強國的發展模式，如戰國時期的秦國、宋朝的經濟軍事改革等。

宋襄公的失敗則為後世提供了教訓，表明理想主義的戰爭方式並不適用於現實政治。宋襄公在面對楚國進攻時，堅持所謂的「仁義」，不願趁敵軍渡河時進攻，導致慘敗。這一戰例被後世軍事家視為戰略錯誤的典型，孫子兵法強調「兵不厭詐」，正是對宋襄公戰略失敗的反思。在歷史上，明智的將領往往選擇務實的戰略，如韓信善用奇襲戰術、三國時期的諸葛亮巧用詭計，均是對現實戰爭態勢的靈活應對。宋襄公的失敗使後世政治家與軍事家更強調實用主義，避免在戰爭中被空洞的道德觀念束縛。

晉文公的「退避三舍」則展現了戰略欺敵的重要性，成為後世軍事計謀的典範。晉文公在城濮之戰中，透過戰術性撤退，引誘楚軍深入，再加以伏擊，最終大敗楚軍。這一戰術影響了後來歷代戰爭中的誘敵深入戰法，如赤壁之戰中周瑜用火攻誘敵、韓信設伏擊敗趙軍，皆與此戰略有異曲同工之妙。此外，晉文公的成功也強調了耐心與時機的重要性，他在流亡十九年後回國稱霸，展現出政治與軍事相結合的高超技巧，影響後世政治家的決策思維。

楚莊王的「問鼎中原」象徵著南方國家對北方周王室的挑戰，改變了中原政治格局。他在鄢陵之戰擊敗晉國，確立了楚國在中原的霸主地位，促使戰國時期南方國家秦、楚等崛起，進一步打破周朝原有的政治秩序。楚莊王的成功顯示了強國應如何運用軍事與外交手段來擴張勢力，這一經驗後來被秦國成功運用，最終統一六國。此外，他問鼎中原的行動直接挑戰了周天子的權威，為後來秦始皇廢除周朝「王」的稱號，建立「皇帝」制度提供了思想基礎。

晉獻公的「假途滅虢」則是中國歷史上最經典的戰略欺騙案例之一，後來被廣泛應用於歷代戰爭與政治鬥爭中。這種先借道後滅國的策略，在三國時期、明清時期皆有類似應用，例如曹操借荊州之地進軍南方、明朝利用外藩打擊內部叛亂，皆與此計謀有異曲同工之妙。此外，此戰顯示了地緣政治與外交手段的結合，影響了後來中國歷史上的許多重要決策。

總結而言，從武王伐紂到楚莊王問鼎中原，這些戰爭與政治權謀不僅塑造了周朝與春秋時期的歷史發展，也對中國後世的軍事戰略、政治制度及文化理念產生了深遠影響。這些戰役所涉及的戰略思想、權謀手段及軍事組織模式，影響了中國歷代王朝的興衰，並成為中國歷史上重要的政治智慧寶庫。

牧野之戰：武王取代殷商的天命與人心

紂王暴政與商朝衰敗

商朝末年，紂王（帝辛）執政，以殘暴與奢靡聞名。他揮霍無度，酷刑虐民，排除異己，導致朝廷內部動盪，諸侯離心離德，天下哀怨四起。

殘暴無道：

- 設立酷刑，如「炮烙之刑」，殘害忠臣。
- 宮廷奢靡，修建豪華宮殿，設酒池肉林。
- 忽視政務，沉迷享樂，聽信佞臣。

朝廷內亂：

- 比干進諫被剖心，忠臣遭到殘害。
- 西伯侯姬昌（周文王）因直言被囚，後以美女珍寶贖回。
- 諸侯不滿紂王專橫，紛紛背離商朝。

在這種背景下，周文王以「仁政」聞名，開始崛起，成為反商勢力的領袖。

周文王積德行義，奠定周朝基礎

周文王姬昌回國後，暗中積蓄力量，推行仁政，爭取民心。

廣施仁政：

- 「使人民富裕，賞罰分明」，讓周國經濟繁榮，百姓安居樂業。
- 禮賢下士，重用賢能，如太公望（呂尚）。
- 施行「開倉賑糧」，救濟貧困百姓，獲得諸侯支持。

軍事擴張：

- 征服犬戎、密須、黎國、崇國，擴大勢力範圍。
- 受到諸侯擁戴，稱「受命之主」。
- 文王去世後，太子姬發繼位，即周武王，決心完成父親的未竟大業。

周武王伐紂：天命已定

武王繼位後，以呂尚（太公望）為師，積極準備伐紂。他深知時機未到，先試探諸侯反應，再等待商朝進一步衰敗。

諸侯會盟：

- 武王試探諸侯，在盟津集結八百諸侯軍隊，但覺得天命未明，暫時撤回。
- 派遣密探探聽商朝情勢：

- 忠良遭排擠→尚不可戰。
- 賢者開始逃亡→尚未成熟。
- 百姓噤聲，無人敢言→商朝氣數已盡！

諸侯響應，聯軍誅紂：

- 武王集結三百輛戰車、三千名虎賁勇士、四萬五千精兵，聯合諸侯正式出征。
- 發表〈泰誓〉，公開宣布紂王罪行，表明伐紂是「天命所在」。

牧野之戰：決戰商周

周軍進至牧野（今河南淇縣），與商軍決戰。

軍力對比：

- 紂王軍隊 70 萬，但多為強徵的奴隸、農民，軍心渙散。
- 武王軍隊 4.5 萬，由精銳士兵與諸侯聯軍組成，士氣高昂。

決戰過程：

- 武王發起進攻，先派百名精銳突襲紂軍陣營。
- 紂王軍隊臨陣倒戈，大批士兵背叛，開道迎接武王。
- 武王親率戰車衝入敵陣，紂王見大勢已去，逃回鹿臺自焚。
- 商朝滅亡，周武王進入朝歌（商都），正式奠定周朝天下。

周武王建立周朝，封建制度確立

武王滅商後，確立統治，推行封建制度，穩固政權。

祭天告成：

- 祭祀周文王，宣布「天命已改」。
- 柴祭天地，昭告天下商朝覆滅，周朝正式建立。

大封諸侯：

- 呂尚封於齊，統治東方。
- 封七十一國，讓功臣、貴族鎮守四方，建立封建體制。

歷史意義

天命觀與王權變遷：

商朝「天命」轉移至周朝，確立「得民心者得天下」的思想。

周朝以「德治」取代「暴政」，影響中國歷代王朝更迭的正當性。

封建制度的確立：

周朝實施分封制，建立穩固的統治結構，使天下分而治之。

這種制度影響中國兩千多年，成為歷代王朝的基本治理模式。

民心與政權存亡：

紂王失民心，商朝滅亡。

武王施仁政，周朝興盛。

「民為邦本，本固邦寧」的理念，在中國歷史上反覆驗證。

周穆王西征：周朝擴張與王權強化

周穆王繼位與西征的背景

周穆王（姬滿）繼位後，決心恢復周王朝的威望，維持對邊疆民族的控制。當時，西北的犬戎日漸壯大，不再向周王朝納貢，甚至侵擾王畿，威脅王權穩定。另一方面，東南地區的夷人聯合反叛，使周王朝陷入內外交困的局面。

西征犬戎

穆王決定親征，但大臣祭公謀父勸阻：「先王重視德政，不輕動武力，兵力應在關鍵時刻使用，才能發揮最大效果。」然而，穆王未採納這一建議，堅決發兵。

穆王親率六師大軍，迅速擊敗犬戎，俘獲其首領，迫使犬戎臣服，恢復周王朝的威信。

戰略影響：

- 穩定西北邊疆，確保王畿安全。
- 為後世王朝對西北的軍事行動提供參考。

西行崑崙與西王母相會

西征勝利後，穆王決定探索西方世界，這段旅程被後世神話化。

乘坐由造父駕馭的「八駿馬車」，穿越犬戎地區，經過河宗國、西隃等地，最終抵達崑崙山。

訪問西王母之國，聆聽奇異音樂，觀賞異域風俗，增進對周邊民族的了解。

東南徐夷之亂與周楚聯軍

西征期間，徐夷部落聯合九夷，進攻周王朝東部，兵鋒直抵大河（黃河）。

徐夷首領「徐偃王」自封為王，吸引三十六諸侯來朝，形成威脅。

穆王得知消息後，急速返回，由造父駕馭八駿車長驅直入，聯合楚國發起討伐。

楚國態度轉變：

- 初時認為「徐偃王有道，不可伐」。
- 周王派王孫厲說服楚王，共同發兵。

戰爭結果：

- 徐偃王仁而無謀，被周、楚聯軍夾擊，戰敗逃亡彭城，最終去世。
- 周王朝重新掌控東南地區，確保中原穩定。

歷史意義

加強周王權力：

透過武力鎮壓叛亂，穆王鞏固了王權，強化了對諸侯的控制。

加深與周邊民族的連繫：

穆王西行促進了周王朝與西方少數民族的交流，對後來的中西文化互動產生影響。

影響後世軍事政策：

周穆王強調「德政與武力並行」，為後世王朝處理邊疆事務提供借鑑。

聯合楚國對抗徐夷，促成楚國崛起，影響戰國時代格局。

齊魯長勺之戰：弱國戰勝強國的經典戰役

戰爭背景

齊國強大，魯國相對較弱，兩國長期有戰爭。

管仲輔佐齊桓公，擴張國力，魯莊公不滿，決定主動出擊。

戰爭關鍵人物：

- 齊軍：鮑叔牙領軍，信心十足，輕視魯國。
- 魯軍：魯莊公統率，聽從謀士曹劌（音：貴）的策略。

戰鬥經過

齊軍進攻策略：

連續三次擊鼓進攻，試圖快速擊潰魯軍。

曹劌冷靜應對，命令魯軍不動，等待齊軍氣勢衰竭。

魯軍反擊時機：

當齊軍第三次擊鼓後，曹劌判斷齊軍氣勢已盡，才下令擊鼓反攻。

魯軍士氣高昂，一鼓作氣發動突襲，齊軍無法抵擋，大敗而逃。

追擊策略：

曹劌先查看戰場情勢，確認齊軍是真敗逃，才下令追擊，獲得大勝。

最終，魯軍大獲全勝，繳獲大量物資，擊潰齊軍。

戰略分析：曹劌的三大成功策略

「敵疲我打」的戰術：

齊軍連續進攻三次，氣勢衰竭，魯軍則保存實力，一舉反擊。

審時度勢，慎重追擊：

避免齊軍詭計，確認敵軍混亂再追擊，確保勝利。

氣勢管理：

「戰爭以氣為主，一鼓作氣，再而衰，三而竭。」

利用鼓聲掌控士氣，達成弱國勝強國的奇蹟。

戰爭影響

- 弱國魯國成功擊敗強國齊國，奠定春秋時代「合縱連橫」的戰略思想。
- 確立「以智取勝」的作戰原則，影響後世軍事戰略。
- 對後世軍事學術影響深遠，為「氣勢戰術」提供經典案例。

兩場經典戰役：周穆王西征與長勺之戰的戰略啟示

周穆王西征：

- 擊敗犬戎，穩定西北邊疆，深化與西方的連繫。
- 討伐徐偃王，聯合楚國，確立東南統治權。
- 奠定周王朝在中國歷史上的長期影響。

齊魯長勺之戰：

- 曹劌以「敵疲我打」戰術，逆轉戰局，成為弱勝強的典範。
- 戰爭策略影響深遠，被後世軍事家推崇。

這兩場戰爭不僅影響當時的政局，也為後世的戰略決策提供了寶貴的經驗，成為中國歷史上的經典案例。

齊桓公尊王攘夷：霸業的奠基與實踐

齊桓公治國改革

齊桓公（西元前 685 ～ 643 年）在宰相管仲的輔佐下，推行一系列內政與軍事改革，使齊國迅速強盛，為後來稱霸奠定基礎。

經濟發展：

推動工農業生產，發展鹽鐵經濟，使國庫充盈。

實行「國野分治」，國都及城郊屬於「國」，其他地區為「鄙野」，強化地方治理。

軍事改革：

兵民合一：平時從事農業，農閒則以圍獵方式訓練軍事，節省國家養兵費用。

地方軍事編制與行政制度合一，提升戰力與動員能力。

政治改革：

以法治國，抑制貴族特權，強化中央集權。

確立尊王攘夷政策，號召諸侯共同抵禦外敵，以鞏固周王室的正統地位，實現對諸侯的領導權。

北方戰事：征伐山戎

背景

山戎是北方游牧民族，時常侵犯燕國，擄掠百姓，使燕國不堪其擾。

西元前 663 年，燕國求救於齊國，齊桓公決定出兵援助，並藉機擴展齊國勢力。

征伐山戎

初戰：

齊軍與燕軍聯手，並請求無終國（今河北地區）作嚮導。

山戎主密盧派速買率三千騎兵迎戰，埋伏於山谷，欲伏擊齊軍。

無終國大將虎兒班先行進攻，不料中伏，戰馬受傷，險些被擒，幸得齊軍主力救援。

伏龍山決戰：

密盧採用車戰戰術，屢次衝擊齊軍陣地，但無法突破防線。

管仲識破敵軍伏兵計策，命齊軍分三路反擊，擊潰敵軍，山戎大敗。

進軍孤竹國

山戎敗退後，密盧逃至孤竹國(今河北唐山一帶)。

孤竹國君答里呵企圖用詭計誘齊軍進入「迷谷」沙漠，使之迷失方向。

齊軍利用「老馬識途」戰術，成功脫困，反攻孤竹，擊敗敵軍。

戰爭結果

山戎與孤竹國滅亡，燕國獲得山戎、孤竹地區的五百里土地。

齊國威名大振，確立在北方的霸主地位。

南方戰事：討伐楚國

背景

西元前 656 年，楚國攻打鄭國，威脅中原諸侯秩序。

鄭國向齊求救，齊桓公決定發動「尊王攘夷」的行動，號召諸侯聯軍討伐楚國。

征伐過程

討伐蔡國：

蔡國為楚國盟友，齊軍率八國聯軍首先攻打蔡國。

蔡人反叛國君，投降齊軍，齊軍順勢逼近楚國邊境。

與楚國談判

楚成王派大臣屈完前往齊營交涉。

管仲質問楚國「不進貢周王室」、「不交還周昭王遺體」，要求楚國臣服。

屈完辯解：「周室衰敗，天下諸侯皆未盡貢，豈獨楚國？」以周昭王南征溺死為由拒絕服從。

軍事壓迫

齊軍兵臨漢水，不過河進攻，而是駐紮於陘山。

管仲認為，楚國未必願意全面開戰，應以軍事壓迫迫使楚國讓步。

楚國最終選擇妥協，派屈完再次來議和，同意：

- 向周王室恢復朝貢。
- 送上金帛、包茅等貢品，向齊國聯軍示好。

霸業確立：召陵會盟

霸主地位的確立

西元前 651 年，齊桓公在葵丘（今河南蘭考）召開會盟，周襄王派周公參加，正式承認齊桓公為中原霸主。

周王賜齊桓公「伯舅」之稱，並賜彤弓矢、大路（諸侯朝服之車），象徵齊國成為「諸侯之長」。

齊桓公霸業的影響

1. 尊王攘夷，重振周王室

以「尊王攘夷」為名，確立周天子的正統地位，聯合諸侯共同對抗邊疆民族與新興強國。

使周王室在春秋時代前期仍具有一定影響力。

2. 開創春秋霸主制度

齊桓公成為春秋五霸之首，奠定後來「合縱連橫」的外交模式。

透過軍事壓迫、會盟結盟、制衡楚國等策略，成功影響中原格局。

3. 齊國成為東方霸主

透過軍事與政治手段，使齊國成為當時最強大的諸侯國之一。

山戎之戰使北方安定，楚戰迫使南方妥協，形成齊國霸權。

春秋霸業的齊桓公與「尊王攘夷」

齊桓公的「尊王攘夷」政策不僅維護了周王室的名義統治，還透過軍事與政治手段確立了齊國的霸權地位。他的北伐山戎穩定了北方邊境，南征楚國則展現了對中原秩序的掌控，並成功逼迫楚國臣服。在管仲的輔佐下，齊國不僅在經濟、軍事和政治上大幅提升，還開創了「會盟制霸」的春秋模式，為後來的霸主國家提供了典範。

這場霸業的興起，象徵著春秋時代的正式開始，齊桓公成為首位真正能夠號令諸侯的霸主。

宋襄公假仁義而慘敗：霸業夢碎的悲劇

背景：宋襄公謀求霸主地位

宋襄公（西元前 650 ～ 637 年）在齊桓公去世後，試圖繼承齊國的霸業，擔任中原諸侯的領袖。他曾幫助齊孝公平定內亂，使齊國恢復穩定，但卻錯誤地高估了自己的政治與軍事能力，最終導致慘敗。

- 外交策略：他試圖利用楚國的力量來穩固自己的霸主地位，卻低估了楚國的野心。
- 政治野心：他堅持「尊王攘夷」的理想，希望聯合諸侯抗擊楚國，但缺乏齊桓公的權謀與軍事實力。

鹿上會盟：宋襄公的政治錯判

1. 宋襄公強行主盟

西元前 639 年，宋襄公邀請齊、楚兩國於鹿上（今河南地區）會盟，希望借助楚國的力量來控制中原局勢。

問題：楚國在實力上已凌駕於宋，宋襄公卻仍以「爵位」為由，將楚成王排在自己之後，使楚王大為不滿。

後果：楚成王在會盟時突然發難，率軍突襲，宋襄公當場被俘，宋國聲望受挫。

2. 宋襄公受辱回國

楚軍圍攻宋都商丘，希望逼迫宋國投降。

公孫固據城死守，宋國未被攻破，楚王無法取得實質利益，只好釋放宋襄公。

問題：宋襄公未能認清局勢，沒有因此吸取教訓，反而更加執著於報復楚國，最終導致更大的失敗。

泓水之戰：宋襄公的愚蠢決策

1. 宋國伐鄭，引發楚國干涉

西元前 638 年，宋襄公出兵攻打鄭國，企圖擴張勢力，結果引發楚國的干涉。

楚成王採取聲東擊西策略，命成得臣率軍直接攻擊宋國本土，迫使宋襄公撤軍自救。

2. 仁義致命：錯失戰機

宋軍回防，在泓水（今河南柘城）南岸列陣，等待楚軍進攻。

戰前軍議：

司馬公孫固建議：「趁楚軍半渡之際進攻，可藉機大勝。」

宋襄公堅持：「君子不在敵軍渡河時攻擊。」錯失最佳機會。

楚軍全渡後，陣型未穩，公孫固再次勸進。

宋襄公仍堅持：「君子不趁敵軍未列陣時進攻。」再次錯失良機。

3. 宋軍慘敗

楚軍完成列陣後發起進攻，宋軍寡不敵眾，潰敗而逃。

宋襄公本人也被射傷大腿，狼狽撤退，軍隊損失慘重。

楚軍大勝，宋國國勢進一步衰弱，原本支持宋的諸侯紛紛倒向楚國。

戰後影響：宋國霸業夢碎

1. 宋襄公的錯誤軍事觀念

戰後，宋國人責怪襄公過於愚蠢，宋襄公仍辯解：「君子作戰，不襲擊受傷敵人，不俘虜年老士兵，不利用地勢取勝。」這種迂腐的道德觀，使他淪為歷史上的笑柄。

成得臣嘲笑他：「宋公專務迂闊，全不知兵。」

2. 宋國霸業徹底破滅

宋國原本希望取代齊國，成為中原霸主，但泓水之戰的失敗使這一夢想破滅。

宋國雖未立即滅亡，但從此只能依附強國，失去主導權。

3. 楚國勢力擴張

泓水之戰後，中原諸侯轉向楚國，楚國的霸權地位逐漸確立，宋國反而成為楚國的附庸。

宋襄公的失敗，間接促成了楚國成為春秋時期的霸主之一。

宋襄公的教訓

錯誤的仁義觀念：

戰爭講求機謀與時機，宋襄公的「仁義」觀念不符合軍事實際，導致慘敗。

「君子不半渡而擊」成為後世戰爭中最經典的反面教材。

缺乏政治手腕：

他沒有齊桓公的外交手腕，錯誤地與楚國結盟，又錯誤地與楚國決裂。

在鹿上會盟時，他不懂得靈活處理與楚國的關係，直接與強國為敵，導致被俘。

軍事能力不足：

他的軍隊規模、武器裝備、士兵素質均遠不如楚國，但卻盲目作戰，戰術錯誤。

錯失戰機，導致自身陷入被動，最終慘敗。

歷史評價

宋襄公雖有遠大抱負，試圖繼承齊桓公的霸業，但缺乏戰略眼光與軍事能力。他不懂得隨機應變，執著於迂腐的「仁義」，在泓水之戰中犯下致命錯誤，導致宋國國勢衰落，楚國崛起。這場戰爭成為春秋時期「假仁義而敗」的典型案例，也成為後世兵家戰略的重要反面教材。

晉文公退避三舍：智謀與戰略的勝利

背景：晉楚矛盾的加劇

西元前 636 年，晉公子重耳在秦國的幫助下回國即位，稱晉文公。他即位後進行一系列改革，讓晉國迅速崛起，成為中原霸主的有力競爭者。然而，晉國的壯大引起了楚國的不安，雙方在中原的爭霸衝突日益加劇。

- 晉國尊王攘夷：晉文公透過「尊王」的手段，協助周襄王平定內亂，提升了晉國在諸侯間的地位。
- 楚國南北擴張：楚國自宋襄公泓水之戰後，一直是中原霸主，為了維持其優勢，出兵攻宋，進一步激化了與晉國的矛盾。

西元前 633 年，楚國為了阻止晉國勢力擴展，聯合鄭、陳、蔡等國進攻宋國，圍困宋都商丘。宋國向晉求救，晉文公決定出兵中原，這場晉楚爭霸的關鍵戰爭隨之爆發。

晉軍戰略部署：先破曹、衛，誘敵深入

晉國雖然已經強盛，但面對楚國仍需謹慎。晉文公與群臣商討後，採納狐偃的建議：先攻楚國的盟國曹、衛，再引楚軍來戰。

先軫提議救宋：「宋國曾助主公流亡時期，如今報恩，也是立威稱霸之機。」

狐偃制定戰略：「攻曹衛，楚國必然回救，這樣就能解除宋國危機。」

戰略步驟：

- 進攻衛國：晉軍繞道渡河，攻占五鹿、楚丘，迫使衛國向楚求援。
- 進攻曹國：迅速攻下曹都陶丘，俘虜曹共公。
- 引楚軍回防：楚成王派成得臣繼續圍宋，但自己回軍防衛，楚軍兵力被迫分散。

結果：楚國計畫被打亂，成得臣決定繼續攻宋，晉軍則成功營救宋國，為後續決戰創造條件。

退避三舍：戰略性的後撤

當楚軍發現晉軍來援後，成得臣決定與晉軍決戰。晉文公面對楚軍的來勢洶洶，做出了一個出人意表的決定 —— 退避三舍 (約 90 里)。

為何退避？

表面原因：「昔日在楚流亡時，我曾對楚王承諾『日後如執兵戈，願退避三舍』。君子言而有信。」

實際戰略：

- 避其鋒芒：楚軍遠征疲勞，晉軍選擇退避以保存實力。
- 誘敵深入：吸引楚軍進入有利地形 —— 城濮。
- 爭取輿論支持：此舉讓楚國顯得無禮，進一步爭取中原諸侯支持。
- 與盟軍會合：退至晉國勢力範圍內，方便齊、秦、宋軍加入。

楚軍的反應

成得臣誤以為晉軍懼戰，堅持追擊。楚軍在長途奔襲後，進入晉軍的伏擊圈，陷入險境。

城濮之戰：晉國的完美戰術

西元前 632 年 4 月，晉楚兩軍在城濮（今河南濮陽）決戰。

晉軍作戰部署

主將：先軫、狐偃

輔助軍：齊、秦、宋聯軍

核心戰術：各個擊破，誘敵深入

戰術細節

先攻楚右軍：

晉軍下軍（胥臣部）讓士兵披上虎皮，伺機發動突襲。

楚軍右軍（陳、蔡軍）恐懼，潰散。

引誘楚左軍：

狐毛故意示弱，讓楚左軍誤以為晉軍潰敗，追擊時被圍。

晉軍反擊，楚左軍大敗。

包圍楚中軍：

晉軍中軍、齊秦聯軍合擊楚軍主力。

伏兵襲擊楚軍後方，奪取楚軍大營。

楚軍被三面包圍，成得臣無法應對，只能撤退。

楚軍潰敗

- 楚軍撤退時，魏犨率軍伏擊，殲滅殘軍。
- 成得臣戰敗，最終在回楚後自盡。
- 晉軍大勝，確立霸權。

戰後影響：晉國成為中原霸主

楚國勢力受挫

楚國原本是中原的霸主，但這場戰敗讓其威望受損，諸侯紛紛轉向晉國。

中原諸侯（宋、衛、曹、鄭）改投晉國，晉國取得地緣政治優勢。

晉國成為霸主

西元前631年，晉文公在踐土召開會盟，周襄王親自出席，正式承認晉國的霸主地位。

晉國的「尊王攘夷」政策確立，成為春秋五霸之一。

戰術影響深遠

「退避三舍」成為以退為進的經典戰略，在後世戰爭中多次被借鑑。

「分割包圍，各個擊破」的戰術，影響了後代的軍事理論。

智慧勝於蠻力

晉文公的成功，不僅在於他的軍事謀略，更在於他的政治智慧。

- 退避三舍：不只是道義之舉，而是精心設計的戰略，既誘敵深入，又保持晉軍優勢。
- 聯合諸侯：透過外交手段，成功拉攏齊、秦、宋等國，形成對楚的包圍網。
- 靈活作戰：晉軍知己知彼，透過佯敗、伏擊、側翼攻擊等戰術，擊潰楚軍。

這場戰爭奠定了晉國的霸主地位，也成為春秋時期最著名的戰略勝利之一。

楚莊王問鼎中原：中原霸主的崛起

背景：楚國在城濮之戰後的復興

西元前632年，晉楚城濮之戰後，楚國遭遇嚴重挫敗，被迫退出中原，晉國取而代之，成為霸主。楚國一度失去對諸侯的影響力，但楚莊王即位後，任用賢相孫叔敖，整頓內政，重振軍事，迅速恢復國力，重新挑戰晉國的霸主地位。

楚莊王提出「問鼎中原」的雄心，意圖再度北上，與晉國爭奪中原的控制權。從此，晉楚爭霸進入新階段。

北林之戰：楚軍初戰告捷

西元前608年，楚莊王聯合鄭國，出兵討伐投靠晉國的陳國，進而攻擊宋國。晉國大將趙盾率軍前來救援，並反擊楚國的盟友鄭國，雙方在北林（今河南鄭州東南）交戰。

戰況：

- 楚軍憑藉強大兵力擊敗晉軍，俘虜晉將解揚，但次年將其釋放，以示寬容。
- 這場勝利讓楚國聲勢大振，諸侯開始重新考慮是否依附楚國。

影響：楚莊王在戰後逐步恢復楚國在中原的影響力，並開始謀劃更大的戰略行動。

問鼎中原：楚軍威脅周王室

西元前 606 年，楚莊王率軍征討西北的陸渾戎（今河南嵩縣北），並成功擊敗這些部落。隨後，楚軍渡過洛水，直接駐軍於周王室的國都洛陽附近，這是歷史上首次有諸侯敢直接挑戰周天子。

楚莊王向周天子試探權力：

- 周定王派大夫王孫滿慰問楚軍。
- 楚莊王試探性地詢問「九鼎」的大小和重量，暗示自己想奪取象徵王權的九鼎。
- 王孫滿機智回應：「鼎的輕重取決於德行，而非力量。」強調周王室雖然衰弱，但天命仍未改變。

結果：楚莊王聽後自覺失禮，沒有繼續進攻洛陽，而是撤軍南歸。這次試探顯示楚國已經具備問鼎中原的實力，但仍未能正式取代周天子的地位。

邲之戰：楚國打敗晉國，奪回霸權

西元前 597 年，楚國計劃進攻與晉國結盟的鄭國，楚莊王率領大軍包圍鄭都滎陽（今河南鄭州東）。鄭襄公本想等晉國救援，拒不投降，但楚軍圍攻數月，城防崩潰，最終鄭國不得不向楚國屈服。

晉國救援鄭國，但內部不和

晉國由荀林父率軍救鄭，但軍中將領對戰爭意見不一：

荀林父主張撤退，認為無法擊敗楚軍。

副將先谷、趙同等人則強烈主戰，他們擅自率軍渡河進攻，導致晉軍陷入不利境地。

楚軍主動出擊

孫叔敖分析晉軍內部不合，決定主動進攻。

楚軍發動夜襲，晉軍被迫撤退，許多晉兵爭相渡河逃跑，場面混亂，甚至出現「船上人砍掉抓住船邊的士兵手指」的慘狀。

只有晉上軍（士會部）能夠保持陣型，成功撤退，避免了晉軍全軍覆沒。

影響：

邲之戰是楚國在中原爭霸戰中的關鍵勝利，晉國的霸權遭到嚴重削弱。

鄭、陳、蔡、許等國轉而歸附楚國，中原大部分諸侯重新選擇站在楚國這一邊。

宋國之戰：楚國成為真正的霸主

西元前 595 年，楚莊王派遣使者申舟前往齊國，途中經過宋國時，被宋國執政華元擅自殺害。楚莊王聞訊大怒，親自率軍攻打宋國，發動長達九個月的圍城戰。

宋軍苦撐：華元率宋軍頑強防守，但城內糧草耗盡，餓殍遍地。

晉國消極應對：

晉國雖然派解揚出使宋國，但未派兵救援。

晉國內部對是否要與楚國再次交戰存在矛盾，最終決定不主動出兵，只利用威脅方式施壓。

宋國被迫與楚國談判

宋將華元夜襲楚軍大營，綁架了楚國大將公子側，成功與楚國談判。

國與楚國簽訂「城下之盟」，保住宋國但完全臣服於楚。

影響：

楚國徹底削弱了晉國的影響力，成為中原霸主。

魯、宋、鄭、陳等國都歸附楚國，楚莊王實現了他「問鼎中原」的野心。

楚莊王如何成為霸主

楚莊王能夠成為繼晉文公之後的新霸主，並非偶然，而是憑藉他的政治智慧、軍事才能和靈活的戰略。

軍事上：

透過北林之戰、邲之戰、宋國之戰，楚國成功擊敗晉國，確立霸權。

孫叔敖的戰略布局、伍參的軍事分析，為楚軍的勝利提供了強大支援。

政治上：

收攏中原諸侯，迫使鄭、宋等國倒向楚國，削弱晉國的影響力。

問鼎中原的試探，顯示楚國已經成為足以挑戰周天子的強國。

戰略靈活性：

退兵十里示德，吸引鄭國歸順，展現以德服人的策略。

夜襲晉軍，誘敵深入，靈活運用戰術取得勝利。

楚莊王的霸業確立，使楚國成為東周時期最強大的國家之一，並為後續楚國的擴張奠定了基礎。

晉獻公假途滅虢：戰略智慧與政治算計

背景：晉、虢、虞的三角關係

晉國、虢國與虞國三者在春秋時期的關係錯綜複雜：

- 虢國（西虢）：與晉國同為姬姓諸侯，地處晉國南方，曾多次侵擾晉國邊境，與晉國有直接衝突。
- 虞國：同為姬姓小國，地理位置處於虢國與晉國之間，雖與虢國有唇齒相依的關係，但在強大晉國與鄰國虢國之間搖擺不定。
- 晉國：當時的國君晉獻公有意擴展領土，對虢國虎視眈眈，但若直接攻打虢國，虞國可能會援助虢國，因此需要運用謀略。

晉獻公採用「假途滅虢」的策略，先透過賄賂虞國取得通行權，以「討伐虢國」為名，實則先滅虢再滅虞。

晉國的陰謀：誘使虢國沉迷享樂

晉獻公首先詢問大夫荀息：「我們該如何對付虢國？」荀息獻策：

- 以美女誘惑虢公：虢公沉迷於聲色，不理朝政，疏遠忠臣，內政混亂。

- 引誘犬戎侵擾虢國：迫使虢國軍隊疲於奔命，削弱其戰力。

結果：

- 虢公貪戀美女，不聽忠臣舟之僑勸諫，導致國內政局不穩。
- 犬戎果然入侵虢國，虢國雖然一時取勝，但隨後犬戎大舉進攻，虢國軍隊被拖入長期戰爭。

晉國的外交謀略：賄賂虞國，獲取通行權

虢國與犬戎交戰，晉獻公趁機對虞國下手。他問荀息：「我們能不能趁機攻打虢國？」荀息說：

「虞、虢關係密切，虞國必然救援虢國。若我們直接攻打虢國，虞國可能會聯合虢國對抗晉國，這樣我們將以一敵二，勝算不大。」

「可以透過賄賂虞國，請求借道攻打虢國。一旦虢國滅亡，虞國就成為下一個目標。」

晉獻公本不願輕易送出珍寶，但荀息勸道：

「這不過是暫時寄放寶物於虞國，滅虢之後，我們就可順勢滅虞，最終還是能把寶物奪回來。」

晉獻公決定獻上珍貴的「垂棘之璧」和「屈產之馬」，派遣荀息前往虞國請求借道。

虞公拒諫，允許晉軍通行

虞公剛開始聽聞晉國要借道時，感到憤怒。但當他看到珍貴的璧玉與駿馬後，立即態度軟化。晉使荀息趁機進一步遊說：

「虢國常年侵犯晉國，如今我們只是借道攻擊虢國，不會傷害虞國。」

「一旦晉國戰勝，所有俘獲的財寶都會送給虞國。」

虞國大夫宮之奇強烈反對，警告：「虢國滅亡後，下一個必然就是虞國！」並引用「唇亡齒寒」的道理，強調虢國是虞國的屏障，一旦虢國滅亡，虞國將無法自保。

然而，虞公受珍寶迷惑，且認為「晉國比虞國強大十倍，與其得罪晉國，不如與晉國交好」，最終決定讓晉軍借道。

晉軍伐虢，虢國滅亡

獲得通行權後，晉軍立刻展開行動：

- 晉將克里率軍四百輛戰車進攻虢國。
- 晉軍與虞軍聯手，以運送兵車為名，偷偷將軍隊藏在馬車中，趁機攻破虢國邊防據點「下陽關」。
- 虢公聽聞晉軍已破關，急忙撤回主力部隊，卻遭犬戎軍隊夾擊，最終潰敗。

- 虢國都城「上陽」被圍攻數月，糧草耗盡，虢公最終出逃，虢國滅亡。
- 晉軍進城後秋毫無犯，並將戰利品分送給虞國，以示「信守承諾」，讓虞公放鬆警惕。

假道滅虞：晉軍趁勝滅虞

虞國在幫助晉國滅虢後，國內防備鬆懈，晉獻公趁機出兵襲擊虞國。

- 晉軍假意與虞公舉行狩獵比賽，誘使虞國精銳出城，趁機攻陷虞國都城。
- 虞公得知都城失守，急忙趕回卻已無力回天，只能向晉國投降。
- 晉獻公假意厚待虞公，贈送其他珍寶，但仍將其監禁，虞國正式滅亡。
- 荀息得意地呈上當初獻出的璧玉與駿馬，晉獻公大悅，假道滅虢的計策正式完成。

歷史影響

晉國擴大版圖：透過「假途滅虢」，晉國不費太大力氣就吞併了虢國與虞國，勢力大增，為後來晉國在中原爭霸奠定基礎。

「唇亡齒寒」的典型案例：虞國沒有聽從宮之奇的勸告，最終成為晉國的下一個目標，驗證了「滅虢之後，虞必亡」的道理。

戰國時期的影響：

- 孫子兵法的「伐交」策略（利用外交與賄賂達成戰略目標）。
- 三國時期孫權假借荊州的案例，劉備識破周瑜「假途滅虢」的陰謀，成功避免荊州被奪。

第二章 戰國紛爭與軍事革新

導言

戰國時期，諸侯爭霸，各國藉由軍事戰略與政治智謀爭奪天下，塑造了中國歷史上一系列著名戰役。從秦穆公稱霸西戎、伍子胥與孫武共謀伐楚、越王勾踐臥薪嘗膽，到孫臏圍魏救趙、樂毅統領五國聯軍滅齊，再到戰國最慘烈的長平之戰，這些戰略智慧深刻影響了後世的軍事思想與政治策略，也為中國歷史奠定了重要的發展方向。

秦穆公是秦國崛起的重要奠基者。他不僅擴展秦國領土，更透過一系列外交與軍事行動提升國家影響力。他在位期間招攬百里奚等賢臣，強化內政與軍事，並運用聯姻與盟約穩固秦國的地位。他在稱霸西戎的過程中，運用遠交近攻策略，成功開疆拓土，奠定了秦國日後一統天下的基礎。他的戰略智慧不僅影響了後來的秦國統治者，如秦孝公時期的商鞅變法，乃至秦始皇的統一大業，都可見其戰略的長遠影響。

穰苴則是中國軍事史上最早提出嚴明軍紀的重要人物之一。他的「不戰而退敵」戰略，充分展現了軍隊紀律與威嚴對於戰爭勝敗的關鍵作用。透過迅速整頓軍隊，他僅憑軍紀威嚇，便迫使敵軍退卻，顯示出戰爭不僅僅是武力的對決，更是心理與紀律的較量。這種重紀律、重士氣的軍事哲學，影響了後來的軍事理論，如漢代的衛青、霍去病，以及明朝戚繼光對抗倭寇時，皆強調軍紀對軍隊戰力的提升。

伍子胥與孫武共謀伐楚的戰爭，是戰國時期軍事戰略的巔峰之作。伍子胥以復仇為名，協助吳國對抗楚國，而孫武則以《孫子兵法》中的戰略智慧指導軍隊。兩人聯手，使吳國成功攻破楚國國都郢都，顯示出戰略規劃與軍事執行之間的完美配合。這場戰爭使《孫子兵法》成為中國乃至世界最具影響力的軍事理論，也讓「攻其無備，出其不意」的戰略思想影響後世，如唐太宗李世民的隋末戰爭，以及明末清初的軍事戰略，皆受到孫武思想的影響。

越王勾踐的「臥薪嘗膽」故事，則展現了戰國時期的復仇戰略。他在吳王夫差擊敗越國後，隱忍十年，養精蓄銳，並施行內政改革，使國力迅速恢復。最終，他透過聯合齊國，成功滅吳，報仇雪恨。這種以長遠謀略為核心的復國戰略，成為後世政治與軍事策略的典範，如明朝初期的洪武皇帝朱元璋，以類似方式由弱轉強，最終推翻元朝，建立大明帝國。

智伯決水灌晉陽的戰役，是戰國時期三家滅智的重要歷史事件。智伯雖然運用水攻戰略，使晉陽城陷入水淹困境，但因過於驕傲，未能有效防範趙、魏、韓的反擊，最終被三家聯合消滅。此戰突顯了戰國時期戰略聯盟與政治謀略的關鍵作用，也顯示過度依賴單一戰術的危險性。這場戰役影響了後來的歷史，如三國時期曹操、孫權與劉備的相互制衡，以及明末李自成與吳三桂、清軍之間的政治與軍事聯盟。

吳起作為戰國時期的著名軍事家，其「殺妻求將」的故事，雖然顯示其對軍事生涯的執著，但也突顯了戰國時期對軍人嚴格的要求。他推行軍制改革，使魏國軍隊戰力大增，並強調「以法治軍」，這些理念後來影響了秦國的軍事體系，為秦統一中國奠定了基礎。他的治軍方式與韓信的軍事改革相似，都以嚴格紀律與靈活戰術著稱。

孫臏的「圍魏救趙」戰役，是戰國時期最經典的戰略運用之一。他利用敵軍的弱點，以迂迴戰術擊敗強敵，避免了正面交戰的損失，並以心理戰與誘敵之計，使魏軍陷入戰略困境。這種戰法對後世影響深遠，如三國時期的赤壁之戰，諸葛亮以類似的圍魏救趙策略，使曹軍陷入火攻陷阱。孫臏的軍事智慧，使他成為中國戰略史上的傳奇人物，其戰術思維影響後來的兵法學習與應用。

樂毅統領五國聯軍滅齊，則是戰國時期最成功的聯合作戰案例。他以外交與軍事並行的方式，使齊國幾乎滅亡，展現了聯軍戰略的強大威力。然而，由於燕昭王去世，新君不信任樂毅，導致齊國得以反擊，最終未能徹底消滅齊國。這場戰役對後世的影響在於，它顯示了聯盟戰爭的雙面性，即聯合各國雖能迅速獲勝，但若無穩固的政治支持，聯盟可能迅速崩潰。這與後來三國時期的孫劉聯盟對抗曹操的模式相似，突顯了政治穩定性在戰略聯盟中的重要性。

最後，秦趙長平之戰是戰國時期最慘烈的一場決戰，象徵著秦國最終奠定了統一天下的基礎。白起運用戰術欺敵，使趙軍主力陷入包圍，最終導致趙軍慘敗，四十萬降卒被坑殺，徹底削弱了趙國的國力。此戰顯示了戰爭殘酷的一面，也突顯了心理戰與計謀的重要性。白起的「先示弱，後包圍」戰術影響後來歷代戰爭，如唐朝的玄武門之變，以及明朝徐達的北伐戰役，皆運用了類似戰術。

綜合而言，從秦穆公到孫臏的這些戰爭與戰略智慧，不僅影響了戰國時期的格局，也對中國後世的軍事戰略、政治謀略與外交關係產生了深遠影響。這些戰役展現了軍事計謀的多樣性，如遠交近攻、圍魏救趙、聯盟戰爭、戰略欺敵等，成為中國歷史上重要的戰略典範，為後世提供了豐富的戰略思想資源。

秦穆公稱霸西戎：開疆拓土，奠定霸業

秦穆公的治國之道

秦穆公（西元前 659 ～前 621 年）是春秋時期秦國的傑出君主，他不僅以賢能之士治國，更透過軍事擴張，最終稱霸西戎，為秦國後來統一中國奠定基礎。他的成功，得益於三個關鍵因素：

- 任用賢才：延攬百里奚、蹇叔、由余等人，使秦國國政昌明，民生富足。
- 恩威並施：以仁政治理國內，對外則以武力擴張疆土，尤其對西戎展開一系列征服戰爭。
- 利用外交謀略：先與晉國聯姻、結盟，待晉國內亂時出兵侵占領土，充分展現靈活的外交手腕。

秦穆公的賢臣輔佐

秦穆公的崛起，少不了幾位重要賢臣的協助：

百里奚：秦國的宰相

原為虞國大夫，晉國滅虞後，他逃至楚國，靠養牛為生。

秦穆公以五張羊皮將他贖回，封為上卿，執掌國政。

政治理念：「西戎眾多，若善撫之可為秦國所用，若以武力征服，則霸業可成。」

蹇叔：謀略家

百里奚推薦蹇叔給秦穆公，蹇叔主張以德撫戎，以武服敵，與百里奚同為「二相」。

強調「等待中原變亂，趁機擴張」的戰略方針。

由余：從西戎歸順的使者

由余原為西戎綿諸國的大臣，受綿諸王派遣出使秦國。

秦穆公識才重用，並用秦國美女引誘綿諸王，使其沉迷享樂，導致西戎內亂。

由余見綿諸國無可救藥，最終投靠秦國，成為秦國的重要謀臣，協助秦穆公制衡西戎。

秦晉關係：戰爭與外交並進

秦國與晉國既有聯姻關係（穆姬嫁入秦國），也有領土爭奪。秦穆公透過以下幾次戰爭，逐步擴張秦國的版圖：

晉國內亂，秦國趁機擴張

晉獻公死後（西元前 651 年），秦穆公派兵護送公子夷吾回國即位（晉惠公）。

晉惠公違約，不割讓西河八城，導致秦晉關係惡化。

晉國大饑荒（西元前 648 年），秦穆公選擇送糧而不乘人之危，贏得晉國人民好感。

韓原之戰（西元前 645 年）：秦軍大勝，俘虜晉惠公

晉國背信棄義，趁秦國饑荒時反攻秦國，導致雙方正式開戰。

秦軍以四百輛戰車迎戰，公孫枝生擒晉惠公。

穆公最終釋放晉惠公，晉國則送太子子圉為質，割讓黃河以西土地，秦國勢力向東擴張。

崤山之戰（西元前 627 年）：秦軍大敗

秦軍趁機襲擊鄭國，卻被晉軍伏擊，秦國三大將孟明視、西乙術、白乙丙皆被俘。

晉國公主文嬴（秦穆公之女）求情，晉國釋放三人。

秦穆公未懲罰三人，反而鼓勵他們「專心謀劃復仇」，展現其用人的大度。

彭衙之戰（西元前 626 年）：秦軍再敗

秦軍再次敗於晉軍，秦穆公親自率軍反攻。

穿越黃河，占領王官、郊地區，秦軍終於穩定東部邊界。

秦穆公稱霸西戎

在穩定內政、與晉國交戰的同時，秦穆公開始實施對西戎的征服計畫，擴大疆域：

攻打綿諸（西元前 623 年）：活捉綿諸王

秦軍閃電進攻，圍困綿諸國，在酒宴之間俘虜綿諸王。

接連征服二十多個西戎小國，擴大秦國領土至千里。

疆域擴張至：

- 南：秦嶺
- 西：狄道（今甘肅臨洮）
- 北：朐衍戎（今寧夏鹽池）
- 東：黃河

周襄王為示祝賀，派召公贈送金鼓，象徵秦國正式成為西部霸主。

秦穆公的歷史影響

開疆拓土，奠定秦國強大基礎

向東：侵占晉國土地，擴大勢力範圍。

向西：征服西戎，擴展至今甘肅、寧夏、陝西一帶，為秦國後來統一六國奠定基礎。

任用賢才，發展農業與軍事

- 百里奚：強化內政，推行農耕，提高國家經濟實力。
- 蹇叔：制定軍事策略，避免無謂的戰爭消耗。
- 由余：協助秦國外交，智取西戎。

為後來秦國的強盛鋪路

在秦穆公之後，秦國逐漸成為強國，最終在戰國時期統一六國，成就大秦帝國。

秦穆公的強國之道

秦穆公以「內治國政，外拓疆土」的策略，開創了秦國的強盛時代。他不僅成功擊敗西戎，建立霸權，更透過外交與軍事手段影響中原局勢。他的政策與遠見，成為後來秦國統一天下的重要基礎。

穰苴不戰而退敵：嚴明軍紀，威震敵軍

時代背景：齊國面臨內憂外患

在春秋時期，齊景公統治期間，齊國遭到晉國與燕國聯軍的夾擊：

- 晉國軍隊從西方入侵，攻占河（今山東河南交界處）和鄄（今山東鄄城北）一帶。
- 燕國軍隊從北方進攻，逼近黃河邊的齊國領土。

齊國面臨兩線作戰，軍隊連連敗退，景公憂心忡忡，急需一名能扭轉戰局的將領。相國晏嬰舉薦穰苴，認為他極具軍事才能。景公經過親自考察，發現穰苴精通軍事戰略，遂任命他為統帥，負責對抗晉、燕聯軍。

嚴明軍紀：樹立軍威

穰苴深知軍隊缺乏紀律，不足以勝敵，因此在出征前，首先嚴明軍紀，以樹立軍威。

軍令如山：嚴懲監軍賈莊

穰苴與監軍賈莊約定：次日中午在軍門會合，然而賈莊因為親友送行，遲遲未到。

穰苴提前到軍營，立下測日影的木表，準備滴漏計時，展現出嚴謹的作風。

當日落西山，賈莊姍姍來遲，他藉口說：「親戚送行，耽誤時間。」

穰苴責備道：「將軍受命，應該忘記家事；軍令如山，應當忘記親屬；戰鼓擂響，應該忘記自身！現在國家危難，你卻因送行遲到，如何能服眾？」

依軍法，穰苴當場處斬賈莊，並巡行示眾，以正軍紀。

景公聞訊後，緊急派使者手持符節來營，欲赦免賈莊，然而使者來遲，賈莊已被斬首。

穰苴對使者說：「軍中無戲言，將帥在軍營內，君王的命令也未必能更改。」

隨後，又因使者乘車闖入軍營，依軍法斬殺其駕車侍從，使全軍為之震懾。

影響：

軍紀大振，將士們不敢違抗命令。

齊軍上下嚴守紀律，戰鬥力大幅提升。

恩威並施，凝聚軍心

穰苴除了嚴明軍紀，還極為關懷士卒，以身先士卒、同甘共苦的方式，贏得全軍信賴。

關懷士卒，穩定軍心

親自視察營房、飲水井、炊事鍋灶，確保士卒得到良好補給。

探望傷病士兵，送去醫藥，對體弱者特別安置。

將自己的軍糧分給士兵，與士卒吃同樣的食物。

重新整頓，提升士氣

三天後，齊軍士氣高昂，全軍上下鬥志昂揚。

甚至生病的士兵也請求歸隊作戰，軍隊恢復戰力。

影響：

士兵感念將軍恩德，願意拼死效忠。

士氣旺盛，戰力大幅提升。

不戰而屈人之兵，威震敵軍

在整頓軍紀、凝聚軍心後，穰苴率領齊軍出征，然而此時晉軍與燕軍卻突然撤退。

晉軍、燕軍聞風喪膽，主動撤退

晉軍得知齊軍重新整編，軍紀嚴明，戰力強大，心生畏懼，主動撤退。

燕軍見狀，也立刻撤退，渡過黃河，回歸本土。

穰苴率軍追擊，收復失地

穰苴抓住敵軍撤退的時機，指揮齊軍追擊，收復所有失地。

確認晉、燕軍已無再戰之意後，班師回朝。

進入都城前，進行軍隊誓師

解除戰備，放鬆戒備，讓將士休息。

誓言忠於國家，確保軍隊未來仍能效忠齊景公。

以整齊的軍容進入國都，顯示軍威。

影響：

不戰而屈人之兵，達成「兵不血刃」的大勝。

展現「軍威即國威」，震懾敵人，保護齊國疆土。

歷史意義：戰略與軍事管理的典範

以軍紀為核心，強化軍隊戰力

穰苴的「軍法至上」理念，使軍隊迅速轉變為一支紀律嚴明、戰力強大的軍隊。

透過「斬賈莊立軍威」，確保軍令暢通，人人遵守。

恩威並施，建立牢固軍心

將士愛戴，願意為將軍效死，這是軍隊勝利的重要關鍵。

不戰而屈人之兵，戰略智慧的展現

善用軍威，使敵軍無需交戰便自行撤退，這與《孫子兵法》的「上兵伐謀，其次伐交，其次伐兵，其下攻城」相呼應。

穰苴的影響：被尊為「司馬」

由於他的成功，景公封他為大司馬，這也使「司馬」成為後世兵家的尊稱。

以軍威制勝

穰苴的事蹟展現了軍事管理的典範：

- 「嚴軍紀」—— 軍令如山，違者必誅，以確保軍隊戰力。
- 「厚待士卒」—— 同甘共苦，提升軍心士氣，使全軍願意效命。
- 「不戰而勝」—— 以軍威震懾敵軍，達成戰略目的。

這場戰爭不僅保衛了齊國，也讓穰苴的戰略智慧成為千古兵法的典範，影響後世戰爭理論與軍事管理，被《孫子兵法》的「不戰而屈人之兵」視為最佳實例。

伍員與孫武共謀伐楚：戰略與軍事智慧的經典戰役

背景：伍員的復仇與吳國的崛起

伍員（即伍子胥）原為楚國貴族，其父兄因被楚平王聽信讒言而遭殺害。伍員逃亡至吳國，誓言報仇。當時，吳國由公子僚繼位，而應當繼位的公子光（後來的吳王闔閭）懷有奪位之心。伍員見此機會，幫助公子光策劃奪取王位，並尋找了刺客專諸來行刺公子僚。

- 專諸刺殺王僚：他將匕首藏於魚腹，宴會上刺殺王僚，公子光成功奪位，稱為吳王闔閭。
- 伍員獲得重用：闔閭任命伍員為行人，負責國政與軍事改革，加強軍備，為伐楚奠定基礎。

孫武出山，助力吳國軍事改革

伍員為了進一步強化吳國的軍力，向吳王推薦著名軍事家孫武（即《孫子兵法》的作者）。

- 孫武的試驗：吳王闔閭聽孫武講解兵法後，要求他訓練宮女來證明帶兵能力。
- 軍法至上：宮女初時嬉笑不聽指令，孫武當場處斬兩名領隊宮女（恰為吳王愛妃），嚴格執行軍法，使宮女軍隊變得紀律嚴明。
- 伍員勸諫：伍員向吳王解釋：「戰爭攸關生死，無法作假測試，若要滅楚，必須任用孫武。」闔閭遂任命孫武為將軍，與伍員共謀伐楚。

戰略布局：以疲敵之策消耗楚軍

楚國是當時的大國，吳國欲以小勝大，必須採取智謀。

先除內患

楚國支持王僚的弟弟掩余、燭庸於舒城練兵，作為反吳勢力。

孫武率軍襲破舒城，斬殺掩余、燭庸，清除吳國內部不穩定因素。

疲敵之計

伍員提出「擾敵之策」：

- 分軍三路，不斷侵擾楚境，迫使楚軍不停出兵應對。
- 吳軍進則楚軍防，吳軍退則楚軍撤，來回反覆消耗楚軍體力與士氣。

楚軍被逼得疲憊不堪，而吳軍則保存戰力，靜待決戰時機。

吳軍聯合諸侯，大舉伐楚

吳國力量仍有限，伍員與孫武積極聯合唐國、蔡國等楚國附庸國，組成聯軍進攻楚國。

- 西元前 506 年，吳、唐、蔡聯軍發動總攻
- 孫武與伍員指揮吳軍渡淮水，翻越大別山，直逼漢水
- 楚王急調大將囊瓦與沈尹戍迎戰

柏舉大戰：吳國以弱勝強

楚國大將囊瓦與吳軍在柏舉（今湖北）決戰，孫武與伍員採用「誘敵深入、伏擊破敵」之計。

楚軍輕敵，囊瓦全軍渡漢水

沈尹戍原計劃利用地形阻斷吳軍，卻被囊瓦破壞。

囊瓦強行渡漢水，導致楚軍後路曝光。

吳軍設伏，大破楚軍

伍員、孫武聯手設下埋伏，讓楚軍進入圈套。

夜襲楚軍大營，囊瓦大敗逃亡。

吳軍乘勝追擊，直逼楚國國都——郢都（今湖北荊州）。

攻占郢都，伍員鞭屍報仇

楚昭王棄郢都而逃，吳軍成功攻占楚國國都。

伍員掘楚平王墳墓，鞭屍三百，為父兄報仇。

孫武勸諫：「滅國應以仁義為本，宜立太子建之子，使楚國歸順。」但吳王不聽，焚燒楚國宗廟。

吳國霸業未成，終遭反擊

楚昭王逃亡隨國，申包胥向秦國求援

秦哀公派軍五百戰車救援楚國。

秦楚聯軍反擊吳軍，吳軍開始失利。

吳國內亂，吳王闔閭被迫回師

吳王之弟夫概趁機奪位，吳國內部發生政變。

吳王闔閭倉促撤軍，吳軍無法長期占領楚國。

伍員與孫武班師

伍員隨吳王撤軍，孫武則請求隱退，不再過問國事。

以勝吳國疲勞楚

以弱勝強的典範

吳國本為弱小之國，透過軍事改革、聯合諸侯、疲敵戰術，成功擊敗強大的楚國，這場戰役成為古代經典的以弱勝強戰例。

孫武的軍事智慧

透過《孫子兵法》的戰略原則，如：

- 「先勝而後戰」（充分準備，待機行動）
- 「不戰而屈人之兵」（聯合諸侯，削弱楚國勢力）

◈ 「兵貴詭道」（夜襲、伏兵、聲東擊西）

這些戰術影響後世兵法深遠。

伍員的復仇與悲劇

伍員雖然成功攻破楚國，報了家仇，但最終因吳國內亂而無法長久維持霸業。

最終伍員遭吳王夫差猜忌，被賜死，悲劇收場。

吳國的短暫輝煌

吳國因孫武、伍員的幫助，一度成為南方強國，但隨著孫武歸隱、伍員被殺，吳國漸衰，最終被越國滅亡。

伍員與孫武聯手伐楚，不僅是歷史上「以弱勝強」的典範，更奠定了中國兵法的基礎，影響後世深遠。

越王勾踐滅吳：臥薪嘗膽的復仇與崛起

背景：吳越恩怨的開端

越國與吳國為鄰，兩國長期敵對，互相爭奪霸權。

西元前 496 年，越王允常去世，其子勾踐繼位。吳王闔閭趁越國新喪，親率大軍攻打越國，勾踐在檇李（今浙江紹興）迎戰，巧用心理戰術，派死刑犯自刎於陣前，震撼吳軍，隨後發動猛攻，大敗吳軍。越國將領靈姑浮更在戰場上斬傷吳王闔閭，導致闔閭不久後傷重身亡。

臨終前，闔閭囑咐太子夫差：「你會忘了勾踐殺父之仇嗎？」

夫差應道：「不敢忘！」

吳王夫差復仇，越國險滅

西元前 494 年，吳王夫差繼位後，立志報仇。他全力整軍備戰，終於在夫椒之戰（今浙江紹興）擊敗越軍。勾踐帶領殘軍退守會稽山，遭吳軍圍困，國家存亡只在一線之間。

文種與范蠡的獻計：

- 收買吳國大臣：文種以珍寶、美女賄賂吳國太宰伯嚭（吳王的親信）。
- 向夫差請降：文種說：「若不接受投降，越國將焚毀珍寶，殺妻滅子，決一死戰，即便戰敗，吳軍至少也將損失萬人。」
- 伯嚭從中作梗：伯嚭私心接受賄賂，向夫差遊說：「敵國降服已是勝利，毋須滅國。」
- 伍員（伍子胥）反對：他警告：「勾踐是明君，文種、范蠡皆良臣，若不滅越，將成後患！」但夫差不聽，與勾踐和解，撤軍回吳。

結果：勾踐保住越國，卻被迫臣服吳國，親自入吳為夫差駕車、養馬，並令夫人打掃宮廷，示忠三年。

臥薪嘗膽，十年復國

勾踐返國後，誓言復仇，開始臥薪嘗膽的長期準備：

自苦其身：撤去華麗宮殿，睡於稻草上，飲食前必先嘗苦膽，時刻提醒自己不忘亡國之恥。

與民同甘共苦：他親自耕種田地，夫人親織布，施惠百姓，鼓勵人口繁衍。

強化國力：

- 政治：吸納賢才，厚待文種、范蠡，改善民生。
- 經濟：發展農業，累積財富，並採用文種「七術滅吳計」，逐步削弱吳國。

文種「七術滅吳計」

貢獻財寶：以金銀珍寶取悅吳王及大臣，讓吳國沉溺奢華。

操控糧食：故意高價買糧，導致吳國糧倉空虛，降低其軍事儲備。

贈送美女：派西施、鄭旦等絕世美女進獻吳王，使吳王沉迷酒色，不理朝政。

獻上良材：獻巨木鼓動吳王興建宮殿（如姑蘇臺），浪費國力。

挑撥內亂：安插間諜，賄賂大臣，分裂吳國內部。

打壓忠臣：設法使伍員自殺，削弱吳國輔佐之力。

強兵備戰：越國內部積極練兵，靜待時機發動攻勢。

伍員（伍子胥）之死，吳國陷落

吳王夫差日益荒淫，伍員屢次勸諫，警告越國即將反擊，但遭太宰伯嚭讒言中傷。

西元前 489 年，吳王北上攻齊，伍員上諫：「越國是吳國心腹大患，齊國只是小病，請先滅越，再伐齊。」夫差大怒，賜劍命伍員自殺。伍員死前悲憤地說：「請將我雙眼掛在姑蘇東門，看越軍如何滅吳！」夫差大怒，將伍員屍身裝入馬皮袋拋入江中。伍員死後，吳國失去最後一位忠臣，越國終於迎來反攻機會。

越王勾踐滅吳

勾踐十五年（前 482 年），趁夫差率兵北上黃池會盟，吳國空虛，越軍分水陸兩路直襲吳國都城姑蘇，俘虜吳太子友，迫使吳王議和。

勾踐二十二年（前 475 年），越軍正式發動滅吳戰爭：

連續擊敗吳軍：越軍在囿、沒、姑蘇三地大敗吳軍，並圍困姑蘇城。

吳國潰敗，夫差求降：吳王夫差派大臣公孫雄前往越營求和，請求如當年會稽山之戰一般，讓吳國成為越國的附庸。

范蠡拒絕求和：「當年吳國拒絕老天給予的機會，今日老天將吳賜給越國，怎能違抗天命？」

夫差自縊而亡：「我無顏見天下人，更無顏見伍子胥！」夫差用帛布蒙面，自縊身亡。

勾踐正式滅吳，誅殺伯嚭，成為霸主。

滅吳之路臥薪嘗膽

「臥薪嘗膽」成為歷史典範

勾踐忍辱負重，經過二十年謀略與努力，最終成功報仇雪恥。

「臥薪嘗膽」成為後世勵志故事的代表，象徵著堅韌不拔、忍辱負重的精神。

政治與軍事雙管齊下

透過文種的滅吳七術，從經濟、政治、軍事多方面削弱吳國。

孫子兵法的影響：戰略與心理戰的運用，使越軍最終以弱勝強。

權力與信任的悲劇

吳王夫差因聽信佞臣伯嚭，誤殺忠臣伍員，導致國家滅亡。

這場戰爭也是「昏君亡國、忠臣被誤殺」的經典案例。

結語：越王勾踐以二十年之忍辱負重，最終成功滅吳，實現「十年生聚，十年生息」的策略。這場戰役成為中國歷史上「忍辱負重、以弱勝強」的最佳典範，影響後世深遠。

智伯決水灌晉陽：三家滅智，分晉成國

背景：六卿爭權，晉國走向衰亡

晉國後期（春秋晚期），國內權力被六大貴族掌控，即韓、趙、魏、范、中行、智六卿。晉國的君主晉出公形同虛設，貴族之間爭權奪利，導致內亂頻繁，國力逐漸衰弱。

西元前458年，智伯瑤聯合韓康子（韓虎）、魏桓子（魏駒）、趙襄子（趙無卹），共同瓜分范氏與中行氏，將兩家勢力徹底剷除。智伯趁勢壯大，逐步控制了晉國政權，並意圖獨霸晉國。

然而，智伯野心過大，竟向韓、魏、趙三家索要「萬戶之邑」，要求其割地奉獻。韓、魏因懼怕智伯的強勢，勉強獻地，但趙襄子堅決拒絕讓地，表明態度：「土地乃先祖所傳，怎能拱手讓人？」

此舉激怒了智伯，於是聯合韓、魏兩家，準備聯手滅趙。

晉陽之戰：趙氏堅守孤城

西元前 455 年，智伯率領韓、魏聯軍，以強大兵力進攻趙氏的根據地 —— 晉陽（今山西太原）。張孟談勸趙襄子避難，帶領家臣高赫、張孟談等人退守晉陽，準備固守待變。

晉陽城防堅固：

- 地勢險要：城牆堅厚，適合防守。
- 糧倉充足：城內糧草充裕，可支撐長期圍困。
- 民心所向：百姓支持趙氏，願為保衛家園而戰。

智伯、韓、魏三軍將晉陽重重包圍，趙軍堅守不出。張孟談採取持久戰策略：「敵軍內部不穩，我軍以逸待勞，靜觀其變。」

然而，戰事進行一年多，趙軍雖然頑強抵抗，但仍被圍困於城內，形勢逐漸惡化。

智伯決水灌城

西元前 453 年，智伯因久攻不下，採納謀士建議，決定引水灌城，逼迫趙氏投降。他探知晉水（今汾河支流）發源於龍山，於是：

- 在山北挖掘人工運河，將河水導入城外壕溝。
- 攔截上游河道，改變水流方向，朝晉陽城內灌去。

一個月後，晉陽城內水位不斷上升，城牆幾乎被水淹沒，只剩下六尺高的地方仍露出水面，城內糧食已經耗盡，軍民陷入絕境。

此時，趙襄子憂心忡忡，詢問張孟談：「民心仍在我方，但若水勢再漲，全城將被淹沒，該如何是好？」

張孟談獻策：「智伯無法單獨滅趙，必須依靠韓、魏。我願冒死夜出求救，勸韓、魏倒戈，趁勢反攻智伯。」趙襄子當即允許。

張孟談遊說韓、魏反攻

夜間，張孟談潛出晉陽，悄悄潛入韓、魏軍營，對韓康子與魏桓子分析形勢：

- 智伯貪婪無度，今日滅趙，明日就會對付韓、魏。
- 「唇亡齒寒」之理——若趙國滅亡，韓、魏將成為下個犧牲者。
- 現在聯手倒戈，趙氏將與韓、魏共享智伯的土地。

韓、魏兩家本來對智伯也有所顧忌，聽完張孟談的分析後，暗自決定反叛智伯，並商定明日夜間行動。

韓、魏聯手反水，智伯覆滅

次日深夜，韓、魏軍隊悄悄行動：

- 派人潛入智伯水壩守軍中，暗中擊殺守衛。
- 趁夜決開西面堤壩，導致洪水倒灌，直沖智伯軍營。
- 韓、魏大軍趁亂從兩翼夾擊，智伯軍隊頓時大亂崩潰。
- 趙襄子則率趙軍從城內殺出，正面進攻智伯。

智伯軍隊腹背受敵，毫無招架之力，最終兵敗被擒。趙襄子親手斬殺智伯，並以最殘忍的方式割下其頭顱，製成飲器（象徵徹底毀滅敵人）。

三家分晉，晉國滅亡

智伯死後，三家（韓、趙、魏）瓜分其領土，趙氏勢力大增。至此，晉國名存實亡，成為三家共治的局面。

西元前 403 年，周烈王迫於現實，正式冊封韓、趙、魏三家為諸侯國，承認其獨立地位，這象徵著「三家分晉」的完成。

西元前 369 年，晉國最後一位君主晉桓公去世，三家徹底廢除了晉國，分治其地。韓、趙、魏三國正式成為戰國七雄之一，晉國至此滅亡。

剛愎自用的悲情與戰爭新格局

智伯過於剛愎自用，最終被滅

智伯因貪婪、自大，未能察覺韓、魏的離心，最終遭到背叛，導致滅族之禍。

「唇亡齒寒」的道理，至今仍是政治聯盟中的重要警示。

趙襄子與張孟談的智慧

張孟談的外交手腕挽救了趙氏，使趙氏在戰國時期成為強國之一。

趙襄子的耐心與謀略，選擇以守為攻，等待時機，最終獲勝。

「決水灌城」成敗皆有

智伯利用水攻戰術，幾乎成功滅趙。

但最終此計卻反噬自己，成為歷史上經典的「水攻失敗」案例。

歷史影響：

「三家分晉」正式開啟了戰國時代，晉國滅亡，韓、趙、魏三國成為新的戰國霸主。

趙氏最終發展為戰國七雄之一，後來產生趙武靈王胡服騎射，成為最強大的國家之一。

智伯之死，既是一場權謀的較量，也揭示了政治鬥爭中的致命錯誤 —— 過度剛愎，終將自取滅亡。

吳起殺妻求將：戰國名將的崛起與悲劇

背景：戰國動盪，吳起四處求仕

吳起是戰國時期的著名軍事家，但年輕時卻四處求職不順。他出身於衛國（今河南滑縣一帶），家境富裕，從小便展露出卓越的才能，渴望建功立業。然而，由於他的行事剛烈，性格桀驁不馴，屢次被貴族門閥拒絕。

最初，他曾師從儒家大師曾參學習儒學，但當母親去世時，他卻未回家奔喪，此舉讓曾參大為震怒，最終與他斷絕來往。之後，他轉而研究兵法，歷經三年潛心鑽研，決心以軍事才能謀求功名。

殺妻求將，獲魯國重用

當時的魯國正面臨齊國的威脅。齊相田和企圖篡奪齊國政權，擔心魯國干涉，便出兵攻打魯國。魯相公儀休深知吳起的軍事才能，向魯穆公力薦，但穆公遲遲不願重用他，原因在於吳起的妻子是齊國田氏家族的女兒，擔心他會對魯國不忠。

為了表明忠誠，吳起竟親手殺害了自己的妻子，以此向魯穆公表達「絕不與齊國同盟」的決心。此舉震驚朝野，最終讓穆公下定決心，拜吳起為大將軍，命其率軍迎戰齊軍。

魯齊之戰：示弱誤敵，大敗齊軍

戰前部署

嚴格治軍：吳起上任後，嚴格整頓軍隊。他與士兵同衣食，不鋪席而睡，行軍不騎馬，甚至親自為士兵吸膿血治療傷口。他的親民態度讓軍士們深受感動，視其如父，士氣高昂。

示弱誤敵：吳起深知齊軍驕傲輕敵，故意採取對敵示弱之策。他在敵軍探子面前，裝作與士兵同席而食，毫無威嚴，使齊相田和誤以為吳起能力平庸，不足為懼。

決戰：聲東擊西，三軍夾擊

齊國大將田忌、段朋率軍進攻魯南，吳起卻按兵不動，使齊軍放鬆警惕。

田和派使者張丑前來試探吳起戰意，吳起假意言和，並熱情款待張丑三日，使其誤判形勢。

暗藏精兵，突然襲擊：張丑回報後，齊軍毫無戒備。此時，吳起趁夜調遣三軍，分為三路突襲，正面擊潰齊軍主力，副將洩柳、申詳從左右夾擊，將齊軍一舉擊潰，逼其潰逃至平陸方向。

戰果

魯軍大勝，吳起聲名大噪，被封為上卿，成為魯國最重要的軍事將領。

反間之計，吳起被迫逃亡

魯軍大勝後，齊相田和對吳起的才能產生忌憚，擔心他會成為魯國的長期威脅。於是，田和施展反間計：

- 派遣張丑再度前往魯國，攜帶黃金千鎰、美人二名，祕密送給吳起。
- 吳起貪財好色，竟收下賄賂，並對張丑表示：「若齊不再攻魯，我也不會對齊不利。」
- 張丑故意洩漏此事，迅速傳遍魯國朝野，魯穆公聽聞後大怒，準備逮捕吳起。

吳起得知風聲，深知自己難逃處罰，便棄官逃往魏國。

魏國：西河大將，堅壁清野

吳起來到魏國，正值魏文侯尋找能夠鎮守西河（今晉陝交界）的將領。宰相翟璜舉薦吳起，魏文侯當即任命吳起為西河守將，賦予其極大權力。

吳起在西河的軍事成就：

- 修築「吳城」：加固城防，建設堅固堡壘，以防秦軍進攻。
- 訓練強軍：採取嚴格軍紀，與士兵同甘共苦，讓士兵願意為他拼死作戰。
- 主動出擊，征伐秦國：趁秦國內亂，出兵攻取河西五城，使魏國疆域擴展，國力大增。

然而，吳起在魏國因得罪權貴，被排擠，最終選擇離開魏國，投奔楚國。

楚國變法，助楚稱雄

楚悼王剛剛即位，亟需賢臣輔佐，聽聞吳起的軍事才能後，立即任命他為楚國宰相。吳起在楚國進行大刀闊斧的改革：

- 削弱貴族勢力：大幅減少貴族的特權，強化國君權力。
- 改革軍制：仿效魏國變法，訓練新軍，提高軍隊戰鬥力。
- 推動法治：強調法治，減少貪汙腐敗，使國政井然有序。

改革效果

- 楚國軍力大幅提升，北擊陳、蔡，南平百越，西征秦國，國力蒸蒸日上。
- 但貴族勢力遭到打擊，對吳起極度不滿，伺機報復。

最終結局：貴族反撲，吳起身死

楚悼王死後，貴族發動政變，趁吳起入宮奔喪時發動襲擊。吳起深知難以倖免，跑到楚王遺體旁邊，故意被亂箭射死，導致楚王屍體也被誤傷。叛亂者因此被問罪，楚國陷入混亂。

戰國將才的輝煌與悲劇

1. 吳起是「戰國第一將才」，但性格剛烈導致悲劇

他以實戰與改革並重，在魯、魏、楚三國都發揮了驚人的影響力。

但他個性剛愎，為達目標不擇手段，如殺妻求將、受賄被反間、削弱貴族權力等，導致屢次被排擠，最終死於政變。

2. 軍事成就：善用奇計，改革軍制

魯國之戰：示弱誤敵，突襲齊軍，奠定其軍事聲望。

魏國西河戰役：訓練精兵，抵禦秦軍，開疆拓土。

楚國變法：強軍富國，助楚崛起，卻引發貴族怨恨。

3. 歷史評價

吳起與孫武、白起、廉頗並稱戰國四大名將。

其軍事思想影響深遠，尤其是「治軍嚴明，將士同甘共苦」，成為後世兵家楷模。

然而，他的剛烈性格與過於激進的改革，最終導致他慘死，成為歷史上的悲劇人物。

孫臏圍魏救趙：戰國奇才的智慧與勝利

孫臏與龐涓：同門異志的宿敵

孫臏是齊國人，是《孫子兵法》作者孫武的後代，自幼聰慧過人，師從鬼谷子學習兵法，與龐涓為同門師兄弟。龐涓先於孫臏下山，在魏國仕途順遂，被魏惠王任命為大將軍，戰功赫赫，威名遠播。

當時，墨翟（墨子）認為孫臏的軍事才能遠勝龐涓，便向魏惠王推薦孫臏。魏王聽聞後大喜，命龐涓召孫臏入魏。龐涓心懷妒忌，雖奉命行事，但暗中籌謀陷害孫臏。

孫臏到魏後，魏惠王果然對他十分禮遇，封為客卿。龐涓深感威脅，便設計誣陷孫臏「勾結齊國」，施以刖刑（剜去膝蓋骨），使其終身殘疾，不能行走。孫臏深知此時難以反抗，於是裝瘋賣傻，假裝失去理智，以此逃過殺身之禍。

後來，齊國使者潛入魏國，祕密將孫臏藏於車中，成功帶回齊國，安置於大將田忌府中，視為上賓。從此，孫臏誓要報仇雪恨，機會終於來臨。

桂陵之戰：圍魏救趙

背景

齊威王四年（前 353 年），魏國派龐涓率八萬大軍進攻趙國都城邯鄲，趙國危急，派使者向齊國求救。

齊威王深知孫臏的才華，任命他為軍師，但孫臏認為自己殘疾，不適合主帥之職，便推薦田忌為大將，自己則在幕後指揮。

戰術決策

田忌本打算直接進攻邯鄲，孫臏卻提出圍魏救趙的計謀：

- 趙軍難以與魏軍抗衡，等齊軍趕到時，邯鄲恐怕已經淪陷。
- 若正面迎戰魏軍，齊軍未必能勝。
- 解決之道：避開魏軍主力，直接進攻魏國都城大梁（今開封），迫使龐涓回軍自救。

戰役過程

齊軍直逼魏國都城大梁，魏國聞訊大驚，龐涓果然急忙撤軍。

孫臏選定桂陵（今河南長垣）為決戰場地，利用地形優勢埋伏。

魏軍長途跋涉，極度疲憊，與養精蓄銳的齊軍相遇，一觸即潰。

齊軍大勝，斬殺魏軍兩萬餘人，迫使魏軍退回本土。

戰果

齊軍未與魏軍正面交戰，即成功解除趙國危機。

此戰奠定孫臏在軍事史上的地位，但龐涓並未完全敗亡，魏國仍然強大。

馬陵之戰：孫臏徹底擊潰龐涓

背景

前 340 年，魏國與趙國聯軍攻打韓國都城鄭（今河南新鄭），韓國向齊國求救。

孫臏認為：「先穩住韓國，待魏軍疲憊之際，再行出擊，才能以最小代價取勝。」

戰術決策

利用韓國消耗魏軍：讓韓國堅守不退，等魏軍疲憊。

齊軍再次採取圍魏救趙，直攻魏都大梁。

龐涓汲取桂陵之敗教訓，急速回軍迎戰，這正中孫臏下懷。

減灶誘敵

孫臏巧施計策，利用「減灶法」，誘使魏軍加速行軍：

- 第一天，留下十萬個爐灶，營造大軍壓境的假象。
- 第二天，減少至五萬個爐灶，讓敵軍誤以為齊軍逃跑了一半。

- 第三天，只留兩萬個爐灶，進一步迷惑龐涓，使其誤判齊軍潰敗。

龐涓大喜，拋下步兵與輜重，率精銳騎兵兼程追擊。

伏擊馬陵

孫臏選擇馬陵（今山東陽穀）作戰場地，此地山勢陡峭，易守難攻。

命士兵削去路邊大樹的樹皮，刻上「龐涓死於此樹下」。

埋伏一萬名弓箭手，命令：「見火把亮起，一起放箭！」

決戰

龐涓夜間行軍，看到樹皮上的字，急忙點火查看。

火光大亮，萬箭齊發，魏軍瞬間崩潰。

龐涓終於意識到自己被孫臏算計，仰天長嘆：「我終讓孫臏這小子成就了聲名！」隨後自刎。

齊軍乘勝追擊，徹底殲滅魏軍主力，俘虜魏太子申，魏軍大敗。

戰略意義與影響

「圍魏救趙」成為經典戰略

避實擊虛，避開敵人主力，直接攻擊敵國要害，誘使敵軍回援。

後來成為兵法經典，影響深遠，如：

- 三國時期曹操攻打袁紹時，劉備突襲徐州，迫使曹軍回防。
- 南宋岳飛採用類似戰術擊敗金軍。

「減灶誘敵」的心理戰

減灶計利用敵軍的錯誤推論，誘導對方做出錯誤決策。

麻痺敵軍，使其輕敵冒進，陷入伏擊，後世多次運用。

徹底削弱魏國，奠定齊國霸業

魏國原為戰國初期最強國，經過桂陵、馬陵兩戰，元氣大傷。

齊國取代魏國，成為戰國中期最強霸主。

孫臏復仇成功，名揚天下

孫臏不僅戰勝了魏國，更是成功報了當年被害之仇。

「孫臏兵法」成為兵家典範，影響後世軍事思想。

圍魏救趙與飢餓掠奪

孫臏以圍魏救趙與減灶誘敵的高明戰術，一舉擊敗宿敵龐涓，確立了自己在中國軍事史上的地位。這場戰爭不僅改變了戰國的格局，也為後世提供了寶貴的兵法智慧。孫臏用智謀與耐心戰勝了宿敵，最終報仇雪恨，成就千古軍事傳奇。

樂毅統領五國聯軍滅齊

燕國復仇：積弱崛起

燕國與齊國長期交戰，但燕國國力較弱，常遭齊國欺凌。燕王噲五年（西元前316年），齊宣王趁燕國內亂之機，派大將匡章率兵攻入燕國，不到兩個月便滅亡燕國，並殺燕王噲。然而，齊軍在燕國燒殺擄掠，殘暴行徑激起燕人的強烈反抗。齊軍最終被迫撤退，燕國雖然恢復獨立，但已是殘破不堪。

趙國見燕國無主，便派燕公子職回國繼位，即為燕昭王。昭王登基後，立志雪恥報仇，並進行了一系列的改革與強國之策。他築招賢臺，重金延攬天下賢士，其中最著名的便是樂毅、蘇秦、劇辛、鄒衍等人。

樂毅輔政：燕國崛起

樂毅原為趙國人，因趙國內亂而離開，先後投奔魏國與燕國，最終在燕國受到燕昭王重用，被任命為亞卿，主持國政。他大力推動政治改革，按才能授官、按功勳給予賞賜，並嚴格執行法令，使燕國迅速從戰亂中恢復元氣。

燕昭王計劃對齊國復仇，但樂毅認為：「齊國地大人眾，士卒習戰，燕國單獨伐齊恐難成功，必須聯合其他強國。」燕昭王遂派樂毅遊說各國聯軍。

樂毅首先前往趙國，成功說服趙王加入，隨後利用外交手段，令秦、魏、韓也同意出兵伐齊。五國聯軍集結，準備攻打齊國。

五國聯軍攻齊：樂毅大破齊軍

西元前 284 年，燕昭王正式發動對齊的報復戰爭，五國聯軍由樂毅統帥，兵力強盛：

- 燕軍主力由樂毅親自統領
- 秦國派遣大將白起
- 趙國由名將廉頗領軍
- 韓國大將暴鳶率軍
- 魏國派晉鄙領軍

齊湣王（田地）親自率軍抵抗，與大將韓聶在濟水西岸布陣迎戰。然而，樂毅率五國大軍猛攻，齊軍節節敗退，韓聶戰死。齊軍潰散，齊湣王逃回都城臨淄，派使者向楚國求救，承諾割讓土地以換取援助。

然而，楚軍未及出動，樂毅已經率燕軍長驅直入，直逼臨淄。齊湣王見大勢已去，帶著少數親信棄城北逃。

燕軍攻入臨淄，徹底摧毀齊國的國力：

- 大量掠奪齊國財富

- 將燕國當年被齊國奪去的珍寶運回燕國
- 齊國境內七十餘座城池皆被燕軍占領

燕昭王欣喜異常，親自前往濟水慰勞將士，並封樂毅為昌國君，使其繼續治理齊地。

樂毅的統治：穩固齊地

樂毅統治齊國領土時，嚴格管理軍隊，不允許士兵搶掠擄掠，反而禮遇齊國賢士，寬減賦稅，改革暴政，使齊地得以安定，民心漸漸歸附於燕國。至此，齊國僅剩下莒（今山東莒縣）與即墨（今山東平度東南）仍在抵抗。

然而，燕昭王去世後，局勢發生變化。

田單反擊：火牛陣破燕軍

燕昭王死後，其子燕惠王繼位，疑心樂毅的功勞太大，擔心其篡位，遂採納齊國的反間計，將樂毅召回，改派騎劫統帥燕軍。

樂毅深知燕惠王猜忌自己，擔心回國會被殺，於是逃亡趙國，被趙王封為望諸君。

新任燕軍統帥騎劫不如樂毅，強硬鎮壓齊地，燒殺掠奪，導致齊人憤恨。此時，齊國名將田單在即墨崛起，領導民眾反抗。

田單採取了一系列策略：

- 宣傳燕國殘暴，激發齊人同仇敵愾
- 假意向燕軍投降，迷惑騎劫
- 暗地裡訓練精銳部隊，準備突襲

田單的「火牛陣」

- 田單挑選千餘頭牛，在牛角上綁上鋒利的刀刃，牛尾纏上浸油的麻草。
- 待夜幕降臨，點燃麻草，驚嚇牛群，讓其狂奔衝向燕軍陣地。
- 牛群衝撞敵軍，燕軍陣營陷入混亂，齊軍趁機發動全面反擊。
- 燕軍大敗，騎劫被殺，田單率軍一路收復失地，最終收復臨淄。

齊襄王重回臨淄，封田單為相國，號「安平君」，齊國重新崛起。

從樂毅淹沒到田單復興

樂毅滅齊

燕昭王積極復仇，延攬樂毅，聯合秦、趙、魏、韓，成功滅齊。

樂毅攻占七十餘城，實行仁政，使燕國一度控制齊國全境。

田單復國

燕惠王疑心樂毅，換上無能的騎劫，導致軍隊不服，治理失敗。

田單利用「火牛陣」奇襲燕軍，一舉擊潰敵人，成功復國。

歷史意義

燕國錯失統治齊國的良機，因為換帥導致軍心渙散，最終失去齊國。

齊國雖然復國，但國力大損，無力再稱霸，逐漸成為戰國七雄中的弱國。

樂毅的「聯合戰略」與田單的「火牛陣」成為軍事史上的經典戰例，後世兵家多有學習與運用。

燕、齊之戰，從樂毅的智慧滅齊，到田單的勇謀復國，展現了戰國時代的權謀、戰略與軍事智慧，成為歷史上的經典篇章。

秦趙長平之戰：戰國時期最慘烈的決戰

戰爭背景：秦趙爭奪上黨

趙孝成王四年（西元前 262 年），秦昭襄王派大將王齮率軍進攻韓國，占領野王（今河南沁陽），切斷韓國上黨郡與新鄭的聯繫。韓國無力抵抗秦軍，欲將上黨郡割讓秦國，以求暫時保全國土。但上黨郡守馮亭不願投降秦國，決定將十七座城池獻給趙國，希望趙國能保護上黨。

趙孝成王聽到這一消息，內心十分高興。大臣趙豹認為此舉是在幫助韓國卻讓趙國承擔秦國的怒火，「解韓之困而嫁禍於趙」，但平原君趙勝則認為：「不費一兵一卒，便能獲得十七城，這是莫大的利益。」趙王遂接受了馮亭的獻地，並派遣大將廉頗率軍駐守長平（今山西高平），以防秦軍進攻。

次年，秦軍占領上黨，隨即向長平進軍，趙軍與秦軍在長平形成對峙。

廉頗堅守，秦國施反間計

廉頗擅長防禦作戰，他在長平採取「深溝高壘，以守為攻」的策略，不與秦軍正面交戰，而是憑藉長平的險要地勢築壘固守，拖延戰事，使秦軍疲憊。然而，秦軍在王齕的指揮下，也未能成功突破趙軍的防線，雙方僵持了四個月。

秦國宰相范雎提出計策：「廉頗善守不戰，長期消耗對秦不利，應當讓趙王換將，讓趙軍主動進攻。」於是，秦國派出間諜，四處散布流言，稱：「秦軍最懼怕的不是廉頗，而是趙括。趙括善於兵法，若趙括為將，必定能大敗秦軍。」

趙孝成王聽信謠言，加上對廉頗長期固守的策略不滿，決定罷免廉頗，改派趙括為上將軍，並增兵二十萬。

趙括紙上談兵，秦軍設伏誘敵

趙括自幼熟讀兵書，但缺乏實戰經驗。他到長平後，將廉頗的防禦工事全部廢除，改為主動出擊的戰術。趙軍剛開始連勝數場，使趙括更加自信，甚至向秦軍下戰書挑戰。

秦昭襄王得知趙括統軍，認為戰爭已經勝利在望，於是命令名將白起代替王齕，正式接手戰事。白起到達後，立即調動主力，展開誘敵之計。他先派三千士兵假裝敗退，趙括果然輕率指揮大軍追擊，不顧馮亭勸阻，深入秦軍伏擊圈。

當趙軍深入後，白起下令讓秦軍回頭反擊，同時從兩側包圍趙軍。趙軍前後被截斷，主力無法返回大營，形成孤軍。

此時，白起採取進一步的策略：

- 派騎兵斷絕趙軍糧道，切斷補給線。
- 築長壘困住趙軍，不與其正面交戰，而是圍困。
- 設伏兵狙擊趙軍突圍部隊，讓趙軍無法逃脫。

趙軍被圍困四十六天，糧食耗盡，軍士甚至開始相互殘食。趙孝成王派人向齊、楚求援，但齊、楚因害怕秦國報復，沒有出兵，趙軍完全孤立無援。

趙括陣亡，趙軍四十萬人被坑殺

趙括眼見形勢惡化，決定組織突圍，他將軍隊分成四支隊伍，從四個方向同時突圍：

- 傅豹率軍向東突圍
- 蘇射率軍向西突圍
- 馮亭率軍向南突圍
- 王容率軍向北突圍

然而，白起早有準備，派弓箭手環繞趙軍營地埋伏，趙軍剛出營便遭受箭雨射殺。四支部隊多次衝鋒皆無法突圍。

最後，趙括親率五千精銳，試圖突破秦軍陣營，但在混戰中被秦將王翦、蒙驁夾擊，最終趙括中箭身亡，趙軍徹底崩潰。

趙軍主將陣亡後，殘餘的二十萬趙軍失去指揮，紛紛投降。白起與王齮商議，認為若將這些俘虜釋放，可能會再度聚集反抗，因此下令在一夜之間活埋四十萬降卒，僅留下兩百四十名年幼士卒，遣送回趙國。

長平之戰的影響

趙國遭受重創

趙國精銳損失殆盡，國力大傷，從此再無力與秦國抗衡。

國內人心動搖，趙孝成王因誤信反間計，導致亡國危機。

秦國聲勢大振

白起以少勝多，展現秦軍強大實力，秦國逐步成為戰國霸主。

奠定秦國統一天下的基礎，之後秦軍更頻繁進攻趙國。

戰略教訓

廉頗的「持久戰」本可拖垮秦軍，但趙王誤判形勢，換將釀成慘敗。

趙括「紙上談兵」，不懂變通，導致全軍覆沒，成為歷史教訓。

長平之戰是戰國時期最慘烈的戰役，以趙國慘敗、秦國大勝告終，為秦統一六國掃除重大障礙。這場戰爭也展現了戰爭謀略、戰略眼光與政治決策的重要性，成為中國歷史上影響深遠的經典戰役。

信陵君竊符救趙：義救邯鄲，退秦大軍

戰爭背景：秦圍邯鄲，趙國求救

魏安僖王二十年（西元前 251 年），秦軍大舉進攻趙國，並包圍趙國都城邯鄲。趙國危急，向各國求援。平原君趙勝（趙王之弟，其妻為信陵君之姐）多次向魏國發出求救信，但魏安僖王遲遲未決。

魏王最初雖派晉鄙率軍十萬前往支援，但秦昭襄王聽聞此

事後，立刻派使者威脅魏王：「若魏軍敢救趙，秦國將立刻攻打魏國！」魏王受到秦國壓力，決定讓晉鄙駐紮於鄴（今河北磁縣南），觀望戰局，並命令不得輕舉妄動。

趙勝見魏軍遲遲不前，憂心忡忡，再次寫信給信陵君魏無忌，信中提到：「邯鄲已瀕臨淪陷，姐姐日夜哭泣，公子若不念我，難道不念姐姐嗎？」信陵君看完信後，心情沉重，立即請求魏王命令晉鄙進兵救趙。但魏王因懼怕秦國，不願下令。

竊兵符奪兵權，信陵君詭計成真

信陵君見魏王無意進兵，只能親自前往邯鄲，誓死與趙國共存亡。他準備了一百多輛戰車，召集千餘名賓客，一路向趙國進發。行至夷門（魏都大梁的東門）時，他前去拜訪門客侯生。侯生冷靜地對信陵君說：「公子此行不過是以肉投虎，根本無法解救趙國。」並建議他：「兵符掌握在魏王的寵妃如姬手中，若能設法取得兵符，才有機會真正掌控魏軍。」

信陵君依計而行，他派人暗中找到如姬，答應為她報殺父之仇。如姬得知後感激萬分，於是偷偷竊取兵符交給信陵君。

信陵君帶著兵符再次向侯生辭行，侯生推薦了一位力士朱亥相助。朱亥隨身攜帶一根重達四十斤的鐵錘，陪同信陵君前往魏軍駐地。

奪取軍權，兵出鄴地

信陵君抵達鄴地軍營後，持兵符宣布：「魏王命令由我接替晉鄙統率軍隊，立即出兵救趙！」晉鄙見信陵君單獨前來，起了疑心，不願交出軍權。這時，朱亥突然掄起鐵錘，一擊擊斃晉鄙，信陵君隨即接管魏軍。

信陵君對軍中將士宣告：「魏王有令，讓我代替晉鄙將軍救趙，晉鄙違命，已被處死。全軍聽令，不得妄動！」將士們見兵符在手，信以為真，於是聽從指揮。

三日後，魏王發現兵符失竊，立刻意識到是信陵君所為，震怒不已，急派衛慶率三千兵馬追捕。然而，等衛慶趕到鄴地時，信陵君已經掌控大軍，準備進攻秦軍。衛慶見信陵君勢在必行，無奈之下決定留下來觀察戰局。

信陵君大破秦軍，成功解圍邯鄲

信陵君整編魏軍，減少冗兵，留下八萬精兵，並嚴明軍紀。他親自率軍向秦軍進攻。此時秦將王齮毫無防備，被魏軍突襲，戰況陷入混亂。魏軍士氣高昂，趙軍也趁機開城接應，雙方聯手夾擊秦軍。

秦軍損失慘重，折損一半兵力，秦王得知戰況不利，立刻下令撤軍。駐守東門的秦將鄭安平見大勢已去，投降魏軍。韓國也趁機收復上黨。

信陵君因為違背魏王的命令，不敢返回魏國，便將軍權交給衛慶，而自己則留在趙國。許多魏國門客也追隨信陵君，從魏國轉投趙國。

五國聯軍大勝秦軍

信陵君滯留趙國十年，秦國趁機不斷進攻魏國，奪取高都、汲等城池。魏安僖王眼見局勢危急，才派使者請信陵君回國。然而，信陵君因當年魏王不肯救趙而心生怨恨，拒絕返回。

這時，毛公與薛公兩位隱士對信陵君說：「公子在趙國受人敬仰，是因為魏國尚存。現在秦國正在進攻魏國，公子若不回去，若魏國滅亡，你還有何顏面立於諸侯之間？」信陵君聞言，深感羞愧，立即啟程返回魏國。

魏王見信陵君回國，立即任命他為魏國上將軍，並聯合楚、燕、韓、趙組成五國聯軍，共同對抗秦軍。

華州之戰：信陵君擊敗秦軍

秦國將領蒙驁率軍圍攻郟州（今河南郟縣），王齡則進攻華州。信陵君兵分兩路：

- 衛慶聯合楚軍，堅守郟州，牽制蒙驁。

◈ 信陵君親率韓、燕、趙三軍直奔華州，圍攻王齮。

信陵君採取斷糧戰術，派趙將龐煖率軍襲擊秦軍糧道，截斷秦軍補給。秦將王齮發現糧道被襲，急忙率軍救援，卻在少華山遭到伏擊，魏、韓、燕三軍圍攻秦軍，大敗王齮，斬殺五萬秦軍，並奪取秦軍全部糧船。

此時，蒙驁探知王齮敗退，試圖率精兵馳援，卻遭到魏、楚聯軍夾擊，再次大敗，被迫撤退。信陵君率軍一路追擊至函谷關，秦軍緊閉城門，不敢再戰。

五國聯軍取得了空前勝利，秦國不得不暫時休戰。

信陵君晚年與秦國反間計

信陵君的軍事才能使他成為魏國的實際掌權者，他的聲望也引起秦國的警惕。秦國宰相呂不韋派人攜帶大量黃金，賄賂魏國權臣，散布謠言：「信陵君想要自立為王！」魏王受到蠱惑，最終解除信陵君兵權，改由他人領軍。

信陵君被罷免後，鬱鬱寡歡，最終病逝。魏國失去這位名將後，國勢迅速衰落，秦國又重啟戰爭，最終將魏國滅亡。

信陵君的智謀與魏國的錯失良機

信陵君以竊符救趙名垂青史，不僅拯救趙國，也帶領五國聯軍大敗秦軍。然而，魏王因為聽信謠言，最終親手葬送魏國的希望。信陵君的故事成為戰國時期忠義與智謀的典範，也揭示了君主昏庸與權臣讒言對國家命運的影響。

李牧敗秦遭反間：名將殞落，趙國淪亡

秦國陰謀，誘趙出兵

秦王政（即後來的秦始皇）欲進攻趙國，但當時趙與秦關係尚未破裂，無法輕易尋找藉口發動戰爭。於是，秦國大臣尉繚獻計：「請先對魏國施壓，迫使魏國向趙國求援，然後利用趙國插手此事為由，發兵攻趙。」秦王認為此計可行，遂命大將桓齮率軍十萬，佯攻魏國。

秦國使者王敖攜帶大量黃金前往魏國，遊說魏王割讓鄴城三座城池給趙國，並請求趙國出兵援助。魏王同意後，使者再赴趙國，重金賄賂趙國宰相郭開，請他向趙王美言，讓趙軍派兵救魏。

趙悼襄王聽從郭開的建議，命將軍扈輒率軍五萬赴魏，接收魏國割讓的三城。不料，這正中秦國計謀。秦軍立刻全力進

攻鄴城，趙軍前去迎戰，在東崓山（今河南境內）與秦軍激戰，結果大敗，秦軍趁勝攻入鄴城，一路攻破九座城池。扈輒退守宜安（今河北境內），急忙向趙王求援。

趙王誤信讒言，不用廉頗

趙王召集大臣商議對策，眾臣認為：「當年廉頗曾成功抵禦秦軍，應該召回廉頗領軍抗秦。」然而，宰相郭開與廉頗素有積怨，於是向趙王進讒言：「廉頗年老無能，不足以抵禦秦軍。」趙王聽信此言，放棄召回廉頗，錯失良機。

秦王得知趙國不任用廉頗，立即命桓齮加緊進攻，趁著趙王病逝、國喪未定時，攻破宜安，並斬殺扈輒，兵鋒直指邯鄲。

此時，趙國新王趙遷（趙悼襄王之子）繼位。他聽聞代郡守將李牧的才能，便緊急召李牧回國，任命為大將軍，統領趙國軍隊對抗秦軍。

李牧大勝秦軍，封為武安君

李牧接受趙王命令後，率領五萬精銳步兵、一萬三千騎兵、五百輛戰車，迅速返回邯鄲。趙王詢問如何擊退秦軍，李牧答道：「秦軍氣焰正盛，不能與其硬拼，應採取堅守策略，待機反擊。」趙王同意，並將趙蔥、顏聚兩位將領各率五萬人，歸李牧節制。

李牧將軍隊駐紮在肥累（今河北一帶），採取深溝高壘、堅壁不戰的策略，以消耗秦軍士氣。秦將桓齮久攻不下，於是決定派兵襲擊甘泉市（趙國重要補給地），企圖逼趙軍出戰。

趙蔥請求出兵救援，李牧卻說：「秦軍此舉是要將我們誘出戰場，我們應該趁敵軍主力不在，直接襲擊他們的營地。」於是，李牧派出三路奇兵夜襲秦軍大營，殺死多名秦國將領，秦軍潰敗。

桓齮聽聞大營失守，大怒之下親率大軍進攻李牧。李牧趁機布下兩翼包抄戰術，讓代郡精兵從正面衝鋒，左右夾擊秦軍，最終大敗秦軍，桓齮僅以身免，倉皇逃回成陽（今河南一帶）。

趙王大喜，封李牧為武安君，賜予萬戶封地，以示嘉獎。

秦國反間計，李牧遭誅

秦王政得知李牧大敗秦軍，怒不可遏，將桓齮廢為庶人，改派王翦、楊端和、內史騰三路大軍，再次進攻趙國。然而，王翦與楊端和雖然包圍趙軍，卻始終不敢貿然進攻。

秦國的王敖再度出使趙國，進行反間計。他先遊說王翦，派人與李牧保持聯絡，佯裝與趙國議和，使趙國內部懷疑李牧的忠誠。隨後，他重金賄賂郭開，並對其說：「李牧正在與秦軍私下談判，若趙國滅亡，他將被封為代郡之王。若你能勸趙王撤換李牧，秦王定會感念你的功勞。」

郭開聽後，回到宮中向趙王進讒言：「李牧暗中與秦國私通，謀反之心昭然若揭。大王應當立刻撤換他，以免生變。」

趙王聽信讒言，命人前往前線，將趙蔥立為新任大將，命李牧返回邯鄲「擔任宰相」。李牧聞訊後大怒，拒絕交出軍權，並對使者說：「軍事關乎國家存亡，我不會因君王的無理命令，讓趙國陷入危險。」

使者私下告知李牧：「趙王對你已生疑，若不接受詔命，恐將有殺身之禍。」李牧歎息道：「我從前慨嘆廉頗、樂毅不得善終，沒想到如今自己也落得這樣的下場。」他決定不交出兵權，並試圖逃往魏國。但趙蔥勃然大怒，下令捉拿李牧，趁李牧酒醉時，將其逮捕並斬殺。

趙軍潰散，邯鄲陷落

李牧死後，代郡的士兵對趙國徹底失去信心，一夜之間全部逃亡，趙軍實力大減。秦軍得知李牧已死，士氣大振，王翦與楊端和聯手發動總攻。

王翦趁機設下伏擊，當趙蔥率軍前往救援狼孟（今山西境內）時，秦軍突然發動襲擊，趙軍腹背受敵，全軍崩潰。趙蔥戰死，顏聚帶領殘軍退守邯鄲，但秦軍已攻入城中，趙王無奈開城投降。

秦王政進入邯鄲，將趙王遷流放至房陵（今湖北省），將趙國正式併入秦國，設為鉅鹿郡。郭開則因賣國得封上卿，但數月後回邯鄲取藏金時，途中遭李牧舊部刺殺，應驗了趙國人民的復仇之心。

六國抗秦最終的輓歌

李牧是戰國末期最後一位足以抗衡秦國的名將，他成功擊退秦軍，甚至讓秦國將領聞風喪膽。然而，趙王昏庸，郭開弄權，最終讓趙國自毀長城。李牧之死，不僅代表著趙國的滅亡，也象徵著六國對抗秦國的最後一絲希望破滅。秦國靠著戰爭勝利與陰謀詭計，終於踏上統一天下的道路。

秦始皇統一中國：戰國終結，帝國崛起

秦國崛起：軍事與外交並進

在秦王政（即後來的秦始皇）正式親政之前，秦國已經透過連年征戰，逐步蠶食東方六國的領土。北方攻占上郡，南方控制巴蜀、漢中，並設立南郡，東方更擴展至三川郡、東郡，大半個中國已經納入秦國版圖。當此之時，六國已呈衰敗之勢，無力與秦抗衡。

根據宰相李斯與軍事謀臣尉繚的建議，秦國採取軍事征伐

與外交離間雙管齊下的策略：

- 軍事上：遵循「由近及遠，各個擊破」的戰略，先滅較弱的國家，再逐步進攻強敵。
- 外交上：利用重金賄賂六國君臣，挑撥離間，使其無法團結抗秦，並策動內部紛爭，削弱各國戰力。

滅韓、趙、魏：秦國席捲中原

滅韓（前 230 年）：攻破潁川，秦軍東進

秦國的第一個目標是最弱小的韓國。秦王政十六年（前 230 年），秦軍長驅直入，迅速攻下韓國都城新鄭，俘虜韓王安，將韓國改為潁川郡，正式將韓國併入秦國版圖。

滅趙（前 228 年）：邯鄲陷落，趙王降秦

韓國滅亡後，秦國立即揮師北上，攻打趙國。秦將王翦與楊端和率軍分路進攻，最終攻破趙國都城邯鄲，趙王遷投降，趙國滅亡。秦軍將趙地改為鉅鹿郡。然而，趙國皇室成員公子嘉逃至代郡，自立為代王，繼續抵抗秦國。

滅魏（前 225 年）：決水淹城，大梁淪陷

秦軍下一個目標是魏國。秦王派王賁率軍攻打魏都大梁（今河南開封），魏軍築深壕固守，戰事一度陷入膠著。但王賁察覺到黃河與汴河流經大梁，遂下令引水淹城，連續十日大雨，使

城池泡水坍塌。秦軍趁勢攻入，俘虜魏王假，魏國滅亡，秦國設置三川郡，徹底掌控中原。

滅楚：王翦妙計，項燕自刎

初戰失利：李信誤判，楚軍反擊

在滅亡三晉後，秦國轉向南方，進攻楚國。秦王政二十二年（前 225 年），年輕將領李信自信滿滿，認為只需 20 萬大軍即可滅楚。然而，當秦軍深入楚地時，遭到楚將項燕設伏反擊，李信大敗而逃，秦軍損失慘重。

王翦出征：以逸待勞，重創楚軍

秦王震怒，只好請年邁的名將王翦再度出征。王翦要求 60 萬大軍，秦王雖感吃驚，但最終批准。王翦採取以逸待勞的策略，駐軍天中山，長時間固守不戰。楚軍將領項燕誤以為王翦畏戰，放鬆戒備，終於給了秦軍反擊的機會。

一年後，王翦趁楚軍鬆懈，突然發動全面進攻，楚軍措手不及，大敗潰逃。秦軍一路追擊，攻破楚都壽春，俘虜楚王負芻，楚國宣告滅亡。項燕逃往江南，擁立昌平君為楚王，試圖繼續抵抗。但王翦率軍進攻，昌平君戰死，項燕自刎，秦軍完全征服楚國，設立九江、會稽等郡。

滅燕、滅齊：東北與東南統一

滅燕（前 222 年）：復仇荊軻，遠征遼東

燕國的太子丹曾派荊軻刺殺秦王，這成為秦國出兵燕國的理由。秦將王翦與李信進攻燕都薊城（今北京），燕王喜與太子丹逃往遼東。燕國最終內部分裂，燕王被俘，燕國滅亡。

滅齊（前 221 年）：王賁兵不血刃，齊王降秦

最後的目標是東方的齊國。齊王建受秦國相國後勝賄賂，對秦國沒有任何防備，當秦軍由北方大舉進攻時，齊軍毫無抵抗之力。王賁僅用兩個月就攻陷齊都臨淄，齊王建迎降，秦國至此統一全國，設立齊郡。

秦始皇統一中國

歷經十年征戰，秦國滅六國，完成了中國歷史上首次大一統：

- 北方：設九原郡，驅逐匈奴。
- 南方：征服百越，設立桂林、南海、象郡。
- 西方：疆域擴展至臨洮、九原。
- 東方：統一齊、燕、楚、魏、趙、韓六國，建立中央集權國家。

秦始皇統一中國後，結束了長達數百年的戰國亂世，開創了一個強大、中央集權的秦帝國，並成為中國歷史上第一位皇帝。他採取郡縣制、統一度量衡、書同文、車同軌等一系列改革，使中國進入一個嶄新的時代。

從此，中國歷史由分裂走向統一，而「皇帝」這個稱號，也從秦始皇開始，成為中國歷代君主的正式尊號。

第三章
秦漢興衰與楚漢爭霸

導言

秦朝自西元前221年統一天下後，實行高度集權的郡縣制，並以嚴酷的法家統治維持國家運作。然而，焚書坑儒、苛捐雜稅、繁重的勞役，以及對六國舊貴族與普通百姓的壓迫，使得社會矛盾日益加深。秦始皇死後，秦二世胡亥昏庸無能，宦官趙高專權，導致政局動盪，最終促成了陳勝、吳廣起義的爆發。

陳勝、吳廣起義（西元前209年）是中國歷史上首次由平民發動的大規模反抗運動，象徵著人民反抗暴政的決心。起義軍在短短數月內席捲河南、安徽一帶，並迅速建立「張楚政權」。陳勝提出「王侯將相寧有種乎」，挑戰了傳統貴族壟斷權力的觀念，對後世的政治思想產生深遠影響。雖然起義最終因內部矛盾與缺乏穩定政權支持而失敗，但它敲響了秦朝滅亡的警鐘，為後來的群雄並起奠定了基礎。

在陳勝、吳廣起義的影響下，天下群雄紛紛起兵反秦。其中，項羽與劉邦最終成為主要競爭者。劉邦出身寒微，卻憑藉仁厚待人、知人善任的策略吸引了一批能臣猛將，如張良、蕭何、韓信等。與此同時，項羽則展現出卓越的軍事才能，憑藉破釜沉舟之舉在巨鹿之戰中擊潰秦軍，奠定其西楚霸王的威名。

秦朝的滅亡（西元前 206 年）象徵著第一個統一的中央集權國家因暴政與內部崩潰而覆滅。項羽與劉邦在滅秦後隨即陷入楚漢相爭。劉邦以「明修棧道，暗渡陳倉」的策略奇襲關中，成功奪回戰略要地，使自己立於不敗之地。而彭城之戰則成為楚漢戰爭的轉折點，項羽憑藉超強的機動力大敗劉邦，使其一度失去優勢。然而，劉邦並未因此放棄，他採納張良的建議，聯合各地諸侯，並任命韓信為大將，採取側翼進攻策略，成功逆轉局勢。

韓信的戰略眼光使楚軍逐步失去主動權，他利用「背水一戰」等經典戰術，使劉邦軍隊逐步壯大，最終在垓下之戰（西元前 202 年）徹底擊潰項羽。此戰不僅展現了軍事謀略的關鍵作用，也象徵著「多謀勝於勇武」的政治哲學。項羽雖勇猛無比，但缺乏長遠戰略思維，無法穩固盟友，而劉邦則善於籠絡人心，最終贏得天下。

楚漢戰爭的結束代表西漢王朝的建立。劉邦吸取秦朝滅亡的教訓，在政治上採取「休養生息」政策，減輕賦稅勞役，並推行郡國並行制，以削弱地方割據勢力。在軍事上，他保留強大的中央軍隊，防止諸侯叛亂。這些措施為漢朝的長期穩定奠定了基礎。

這段歷史對後世的影響深遠。首先，它揭示了專制統治與暴政的危害，使後來的統治者更加重視民生與政治穩定。其次，劉邦的成功展現了「民本」思想，儘管他仍維持中央集權，但與百姓休養生息的政策，使漢朝成為中國歷史上最穩定與繁榮的時期之一。此外，韓信的軍事戰略與張良的政治謀略，也成為後世軍事與政治學的重要範例。劉邦以平民身分崛起並稱帝，進一步鞏固了「王侯將相寧有種乎」的理念，使寒門階層在政治舞臺上獲得更大的可能性。

總體而言，從陳勝吳廣的起義到劉邦建立漢朝，不僅是一場政權更替的過程，更是一場制度與思想的變革。這場動盪確立了「得民心者得天下」的歷史教訓，並影響了後世中國王朝的統治模式。劉邦成功奠定的漢朝統治基礎，使中國的中央集權制度進一步完善，並為後來兩千年的帝制發展提供了藍本。這場歷史進程展現了政治智慧、軍事戰略與民意支持在國家發展中的關鍵作用，並為中國歷史奠定了深遠影響。

陳勝、吳廣起義：揭竿而起，首振反秦

秦朝暴政，民不聊生

秦始皇統一中國後，實行嚴苛的徭役與兵役制度，廣修長城、宮殿、馳道，百姓負擔沉重。秦二世即位後，在宦官趙高的操控下，施行更為殘酷的暴政，濫殺忠臣，橫征暴斂，使百姓苦不堪言。

秦二世元年（西元前 209 年），朝廷下令徵發關東地區的貧苦百姓九百人赴漁陽（今北京密雲）駐防，陳勝與吳廣正是其中的戍卒，並擔任屯長。這群戍卒在兩名軍尉監督下，翻山越嶺，長途跋涉，但行至蘄縣大澤鄉（今安徽宿縣劉村集）時，突遇連日大雨，道路泥濘難行，無法按時抵達漁陽。根據秦朝法令，誤期者處斬，無論如何都無法倖免。

起義決策：「王侯將相寧有種乎？」

面對死路一條的困境，陳勝、吳廣決定拼死一搏。他們分析局勢，認為百姓長期受秦暴政壓迫，若能舉旗反抗，必定得到天下響應。陳勝說：「天下人已苦秦久矣！王侯將相寧有種乎？」意思是權貴並非天生，他們也能成為王者。

兩人遂密謀起義：

利用民間崇敬的楚系人物作號召：陳勝假借「公子扶蘇」和「楚將項燕」的名義，扶蘇是秦始皇之子，因諫言而被秦二世賜死，而項燕則是楚國名將，曾屢勝秦軍，深受百姓愛戴。

營造神祕氣氛，激發大家士氣：

- 吳廣夜間潛入村廟，在帛書上寫下「大楚興，陳勝王」，故意讓人發現，使戍卒信以為神意。
- 在飯中藏字，吃飯時發現「陳勝王」字樣，使士兵們驚恐又振奮。

最終，陳勝、吳廣殺死監軍軍尉，召集眾人起義，築起高臺，以軍尉首級祭旗，發誓抗秦，建立「大楚」，陳勝自稱將軍，吳廣為都尉，起義正式爆發。

義軍迅速壯大，攻城掠地

起義軍斬木為兵，揭竿為旗，迅速攻占大澤鄉和蘄縣，並由葛嬰率軍向東進攻，連續攻下：

- 銍（今安徽宿縣南）
- 酇（今河南永城西南）
- 苦（今河南鹿邑東）
- 柘（今河南柘城北）
- 譙（今安徽亳縣）

隨著勢力擴展，隊伍迅速壯大至七萬人，戰車千輛，騎兵千人。當義軍攻入陳縣（今河南淮陽）後，陳勝決定稱王，建立「張楚」政權，正式與秦朝對抗。

張楚王國建制

陳勝稱「王」，吳廣為假王（副王）。

蔡賜為「上國柱」，負責軍事決策。

孔鮒為博士，參與政務。

但葛嬰在東城擅自立「襄強」為楚王，後被陳勝處死。

戰線擴張：各地響應，六國復起

陳勝決定派遣將領四處征戰，並立六國貴族後裔為王，以壯大反秦陣營：

- 周文直攻函谷關，勢如破竹，進軍至戲（今陝西臨潼），兵力達數十萬。
- 武臣渡過黃河，奪取邯鄲，自立為趙王，派韓廣攻燕地，後韓廣自立燕王。
- 周市進攻齊地，狄人田儋發動反秦，殺狄令，自立為齊王，周市敗退至魏，擁立魏咎為魏王。
- 沛縣劉邦、項梁等人亦舉兵響應。

至此，六國後裔紛紛復國，反秦局勢進一步擴大。

秦軍反攻：義軍潰敗

面對陳勝的強大攻勢，秦朝緊急應對：

秦將章邯以刑徒為軍，組織驪山軍，主動出擊，攻擊周文軍。

周文戰敗自殺，秦軍攻至東方，義軍開始節節敗退。

吳廣部將田臧認為吳廣不懂軍事，驕橫無能，便殺死吳廣，自立為軍主帥，後戰敗身亡。

秦軍各路進攻：

- 章邯先後擊敗田臧、李歸、鄧說、伍徐等部隊。
- 司馬欣、董翳增援秦軍，圍攻陳縣，迫使陳勝撤退。

最終，陳勝在汝陰（今安徽阜陽）與秦軍激戰，敗退至下城父（今安徽蒙城西北），在絕望中被車伕賈莊殺害，向秦軍投降。起義至此遭受重創。

影響：點燃滅秦戰火，最終推翻暴秦

陳勝雖敗，但其起義震撼了天下，對後續的反秦戰爭產生深遠影響：

- 開創「農民起義」的先例：他證明了「王侯將相，寧有種乎？」百姓亦能成就大業。

- 激勵各地反秦力量：項梁、劉邦、項羽等相繼舉兵，使秦朝陷入滅亡危機。
- 秦朝陷入內亂，最終滅亡：義軍雖暫時失敗，但之後項羽、劉邦等繼承反秦大業，最終滅亡秦朝，建立漢朝。

陳勝雖亡，其志不滅！他的精神影響後世，成為歷史上第一位發動農民起義並稱王的英雄人物。

劉邦、項羽滅秦：群雄爭鋒，秦朝覆滅

陳勝、吳廣起義後，群雄並起

陳勝、吳廣雖然兵敗身亡，但他們的起義點燃了反秦戰爭的火焰。各地豪傑紛紛舉兵響應，戰國舊族與地方勢力迅速崛起。其中，項梁與劉邦是最具影響力的兩大起義領袖。

項梁、項羽的崛起：

項梁與姪子項羽殺死會稽郡守，正式起兵。

項梁自稱會稽郡守，很快收攬江東各地，吸納豪傑。

率軍渡淮後，黥布、蒲將軍等加入，兵力迅速增至六七萬人。

劉邦舉兵沛縣：

由蕭何、曹參、樊噲等人擁立，劉邦自立為沛公。

初期軍力僅三千人，但逐步擴張，占據豐邑。

楚懷王登基，項羽、劉邦分路出戰

秦二世二年（西元前 208 年），項梁召集諸將商議，決定擁立楚懷王（楚懷王之孫心），以團結各地反秦勢力。

劉邦、項羽戰功顯赫：

項羽屢次擊破秦軍，攻城略地，但也因驕傲輕敵，忽略防範。

劉邦戰略穩健，穩步擴大勢力，取得豐邑、沛地。

項梁戰死，楚軍退守彭城：

秦將章邯趁機突襲項梁大軍，項梁措手不及，兵敗身亡。

劉邦、項羽等人緊急護送楚懷王遷至彭城，繼續組織抗秦戰爭。

鉅鹿之戰：項羽九戰九勝，大破秦軍

秦軍滅項梁後，章邯進攻趙國，圍困趙王歇於鉅鹿。趙國向楚軍求援，楚懷王決定：

- 派項羽北上救趙，與秦軍決戰。
- 派劉邦西進關中，直取秦都。

項羽取代宋義，誓師決戰

宋義不敢進攻秦軍，被項羽誅殺，項羽自稱「假上將軍」，親自領軍北上。

破釜沉舟，展現不成功便成仁的決心。

九戰九勝，擊潰秦將王離，生擒王離，擊殺蘇角。

鉅鹿之戰後，項羽威震諸侯

章邯聞風喪膽，退回南方，派使者求救秦廷。

各地反秦軍開始倒向楚軍，項羽成為反秦聯軍的最高領袖。

劉邦入關，秦二世滅亡

與此同時，劉邦率軍向西挺進，直逼關中：

劉邦兵鋒直指武關，在藍田大敗秦軍，直逼秦都成陽（咸陽）。

秦王子嬰無力抵抗，素車白馬出城投降，秦二世政權正式滅亡。

劉邦進入成陽後，看到秦宮內珠寶、美女無數，一度動心想留宿宮中。樊噲、張良進諫：「秦因貪圖享樂而亡，公不可重蹈覆轍！」劉邦才撤回霸上。

鴻門宴：劉邦智退，項羽焚咸陽

項羽率四十萬大軍入關，駐軍鴻門，準備剷除劉邦。范增建議在宴席上刺殺劉邦，以奪天下，史稱鴻門宴。

劉邦識破殺機，運用外交手段化解危機：

在張良與樊噲協助下，劉邦表現出臣服之態，贏得項羽信任。

項羽猶豫不決，錯失剷除劉邦的最佳時機。

項羽入城，焚毀咸陽：

殺秦王子嬰，焚燒秦宮三日三夜，毀滅大秦繁華的象徵。

滅秦只是開始，楚漢爭霸即將展開

項羽在咸陽大肆劫掠後，自認天下已定，進行十八諸侯分封：

- 封劉邦為漢王，封地為漢中、巴蜀，以限制劉邦發展。
- 將秦降將封為雍王、塞王、翟王，使其鎮守關中。
- 立楚懷王為義帝，實則將其流放至長沙，後來暗中殺害。

項羽錯估形勢，低估劉邦的潛在威脅，導致日後的楚漢相爭。

秦朝滅亡後，天下尚未統一，劉邦與項羽的鬥爭正式開啟：

- 項羽雖戰力驚人，但驕傲自大，錯失良機。

◈ 劉邦雖初期勢弱，但善於謀略，終將成為項羽最強的對手。

滅秦只是序章，真正的天下歸屬，將在楚漢相爭中見分曉！

明修棧道，暗渡陳倉：劉邦奪回關中

項羽東撤，劉邦伺機反攻

漢王元年（西元前 206 年），劉邦被封為漢王後，聽從蕭何與張良的建議，以巴蜀為基地，暫時養精蓄銳，等待時機反攻關中，以與項羽爭奪天下。

劉邦燒棧道示無還心：

劉邦過褒中（今陝西漢中西北）時，張良建議燒毀棧道，以向天下表示「無意回關中」，實際上則是迷惑項羽，讓他放鬆警惕。

張良施離間計，使項羽離開關中：

張良命兒童在秦地傳唱：「富貴不還鄉，如錦衣夜行。」

項羽聽後，正合他心意，決定東撤彭城（今江蘇徐州）。

楚軍撤離關中，為劉邦日後的反攻提供了機會。

韓信歸漢，劉邦重用

此時，韓信投奔劉邦，起初未被重視，後來在蕭何的力薦下，劉邦才重用韓信，正式築壇拜將。

韓信分析戰局，勸劉邦奪三秦：

- 項羽剛愎自用，不能任用賢將，也不能賞罰分明，且濫殺無辜。
- 秦人怨恨項羽，因為他封降將章邯、董翳、司馬欣為三秦王，讓秦人受辱。
- 劉邦入關後，與民約法三章，深得秦民支持。
- 士卒思鄉，願意東歸，若舉兵反攻三秦，定可輕易取勝。

劉邦聽從韓信的分析，決定東征關中，擊敗三秦王，奪回秦地。

「明修棧道，暗渡陳倉」的策略

韓信擬定軍事計畫，運用聲東擊西的戰術：

明修棧道：

派人公開修復棧道（通往關中的山路），讓敵軍誤以為漢軍準備長期修路，短時間內不會進攻。

麻痺敵人，使章邯掉以輕心。

暗渡陳倉：

真正的軍隊則祕密從陳倉小道（今陝西寶雞）突襲三秦。

漢軍奇襲，章邯兵敗自刎

秦降將章邯聽聞漢軍修棧道，誤以為劉邦短期內無力進攻，因此毫不防備。

- 當漢軍突然現身關中時，章邯才驚覺受騙，但已來不及應對。
- 秦軍對章邯極為不滿，不願為他拼死作戰，戰鬥力低迷。

漢軍勢如破竹：

- 擊潰章邯，攻克陳倉。
- 章邯敗退至廢丘（今陝西蒲城），依舊無力抵擋漢軍。
- 韓信決定用水攻，堵塞河道，使廢丘城水位高漲，迫使章邯逃亡。

章邯見無處可逃，選擇自刎而亡，他的兒子章平則被俘。

漢軍平定三秦，劉邦奪取關中

章邯戰死後，韓信繼續進攻：

- 擊敗翟王董翳與塞王司馬欣，兩人選擇投降。
- 漢軍順利進入咸陽，迎來關中百姓支持。

至此，劉邦奪回關中，確立戰略優勢，為日後的楚漢相爭奠定了基礎。

劉邦兵敗彭城：楚漢戰爭的轉折點

劉邦輕敵大意，兵敗彭城

劉邦在奪回三秦後，聽聞義帝被害，便率軍東進，號召諸侯共同討伐項羽，為義帝復仇。楚漢戰爭正式展開。

劉邦率五十六萬大軍東進：

各地諸侯紛紛響應，彭越亦以三萬人歸附。

項羽此時正在齊地平叛，彭城空虛，劉邦趁機進軍，一舉攻克彭城（今江蘇徐州）。

劉邦大意失荊州：

劉邦認為攻占項羽都城，楚軍必潰，因此毫無戒備，整日沉迷於珍寶美人，大擺宴席，對項羽的反攻毫無防備。

此舉為項羽留下可趁之機。

項羽三萬精兵突襲，劉邦大敗

項羽接獲彭城失守消息後，迅速帶領三萬楚軍南下：

於黎明時分對劉邦的五十六萬大軍發動突襲。

漢軍潰不成軍，死傷十餘萬人，大批士兵向南逃竄。

睢水之戰：

- 逃亡的漢軍擁擠不堪，相互推擠，十幾萬人落入睢水溺死。
- 項羽乘勢追擊，漢軍節節敗退。

劉邦險遭擒獲：

最終在幾十名騎兵護衛下，才得以脫逃。

劉邦的父親劉太公、妻子呂雉則被楚軍俘獲，成為項羽手中的人質。

兵力懸殊，項羽以少勝多：

項羽以三萬精兵擊敗五十六萬漢軍，顯示楚軍強大的戰鬥力，也暴露漢軍尚無法與楚軍正面抗衡。

劉邦退守滎陽，楚漢對峙

劉邦敗退後，退守滎陽（今河南鄭州），雙方進入曠日持久的戰爭。

糧道爭奪戰：

劉邦修築從滎陽通往糧倉敖倉的甬道，確保糧草補給。

漢王三年十二月，項羽攻占甬道，切斷漢軍補給，使滎陽岌岌可危。

劉邦使用反間計離間項羽與范增：

范增提醒項羽：「滅亡劉邦易如反掌，若不速戰，將後悔莫及！」

劉邦聽從陳平之計，派人散布流言，使項羽對范增產生懷疑。

范增最終憤而離開楚軍，途中背部生瘡，病死路上。

紀信犧牲自我，劉邦成功脫困

滎陽城中糧盡，劉邦決定突圍：

設計假投降：

- 讓面貌相似的紀信假扮劉邦，坐上黃綢車輦，聲稱漢軍糧盡，要向項羽投降。
- 楚軍見狀，蜂擁而上觀看。

劉邦趁機突圍：

- 夜間城內開東門，派兩千名穿盔甲的婦女衝出，吸引楚軍注意。

- 西門同時打開，劉邦在幾十名騎兵護衛下成功突圍。
- 紀信則被項羽活活燒死，以身殉國。

楚漢再次對峙

劉邦逃回關中，重新招募兵員：

聯合黥布，重整軍隊，並向南發展。

項羽則北上攻擊彭越，收復梁地。

劉邦再次進攻成皋，與項羽對峙：

項羽南追劉邦，雙方對峙於廣武東西城。

劉邦拒絕決鬥，寧鬥智不鬥力。

劉邦被射傷，形勢逆轉

項羽綁架劉邦父親，欲煮殺劉太公：

項羽威脅：「若不投降，就將你父親煮成肉羹！」

劉邦冷笑道：「當初我與你同為楚懷王手下，你稱我為兄長。若要煮了我父親，別忘了分我一杯湯！」(用語巧妙地嘲諷項羽)

劉邦站在城頭，數落項羽十大罪狀：

項羽大怒，命令弓箭手萬箭齊發。

劉邦被射中胸部，但他彎腰假裝摸腳，謊稱：「只是腳趾被射傷！」以穩定軍心。

局勢逆轉，項羽勢衰：

韓信在濰水大破楚將龍且，俘齊王田廣，平定齊地。

彭越起兵襲擾楚軍後方，奪取梁地，切斷楚軍糧道。

項羽糧草斷絕，兵疲力竭，只得再次帶兵回梁地。

項羽被迫與劉邦議和

漢軍趁機大破楚軍於汜水。

項羽孤立無援，劉邦擔心人質安危，雙方達成協議：

- 鴻溝劃界，楚漢以鴻溝為界，東歸楚，西屬漢。
- 項羽釋放劉太公與呂雉，結束戰爭。

然而，楚漢爭霸尚未結束，劉邦很快撕毀協議，再次發動對項羽的進攻，最終導致楚漢決戰。

韓信側翼進軍，逆轉楚漢戰局

魏國之戰：趁虛而入，一戰定乾坤

劉邦敗於彭城後，諸侯紛紛倒向楚軍，魏王豹、塞王司馬欣、翟王董翳等皆投靠項羽。劉邦陣營內，僅韓信擁有完整戰力，因此迅速與劉邦殘軍會合於滎陽，阻擋楚軍攻勢，並策劃側翼進攻。

韓信進攻魏國，採用聲東擊西之計：

- 魏王豹早在蒲坂（今山西永濟）設防，等待漢軍來攻。
- 韓信在臨晉佯裝渡河，迷惑魏軍，實則繞道夏陽（今陝西韓城南）。
- 以木罌瓿製成浮具，渡河突襲魏都安邑（今山西運城）。
- 魏王豹措手不及，被韓信俘虜，魏國滅亡。
- 韓信平定魏地後，設立河東、上黨、太原三郡，穩固控制。

井陘之戰：背水一戰，以弱勝強

攻滅魏國後，韓信請求進攻代王陳餘及其扶植的趙王歇，獲得劉邦批准，並派張耳同行。韓信先於閼與擊敗代軍，俘虜代相夏悅，接著進攻趙國。

趙軍優勢明顯，韓信劣勢頗多：

趙王歇與陳餘在井陘口設十萬大軍，占據險要地勢，企圖一舉殲滅漢軍。

趙國名將李左車獻策：斷絕漢軍糧道，以逸待勞，待漢軍疲憊後再進攻。

然而陳餘堅持「義兵不詐」的戰法，錯失良機。

韓信巧妙布局，以「背水陣」激發士氣：

主力萬人「背水為陣」，誘使趙軍全軍出擊。

趙軍果然發動總攻，卻被漢軍背水死戰的士氣所震懾。

奇襲趙軍本陣：

- 韓信派兩千騎兵繞後突襲趙軍大本營，奪取糧草與指揮權。
- 趙軍頓時大亂，潰不成軍。
- 陳餘戰死，趙王歇被俘，韓信平定趙國。

韓信敬重李左車，謀取燕國：

漢軍將李左車擒獲，本以為他必遭處死。

然而韓信親自為李左車鬆綁，請其為師，並謙遜請教。

李左車建議：「挾滅趙之餘威，書信威脅燕王，迫其歸降。」

韓信遵從此計，未費一兵一卒，成功迫燕王降漢。

濰水之戰：水淹齊軍，滅龍且

韓信滅趙降燕後，劉邦為了控制其兵權，突襲韓信營帳，奪取印綬，改封韓信為趙相國，命其進攻齊國。

齊王田廣本已歸降，卻因韓信未受命而疑心重重：

漢使酈食其成功說服齊王棄楚投漢，撤軍備降漢。

韓信未得劉邦通知，仍繼續攻擊齊國。

齊王田廣認為受騙，憤而將酈食其烹殺，並派使者向楚軍求援。

楚軍龍且率二十萬大軍馳援齊國，與韓信在濰水兩岸對峙：

韓信採用「決水攻敵」之計，命士兵於濰水上游堆壩，暫時攔水。

韓信佯裝敗退，引龍且渡河：

- 楚軍追擊，前隊渡過濰水，後軍尚未渡河。
- 韓信下令決堤，大水洶湧而下，將楚軍截為兩半。
- 過河的楚軍三千人遭漢軍圍殲，龍且戰死。
- 濰水東岸的楚軍無法渡河，被韓信各個擊破。

韓信大破楚軍，俘虜齊王田廣，平定齊國，占領全境。

韓信側翼進軍，徹底扭轉戰局

韓信連續滅魏、代、趙、燕、齊五國，將楚軍勢力徹底削弱，從側翼支援了劉邦，迫使項羽議和，劃鴻溝為界，成為楚漢戰爭的關鍵轉折點。

韓信側翼進軍扭轉楚漢局勢：

- 魏國戰役→採用聲東擊西策略，趁虛而入，一戰定乾坤。
- 井陘之戰→以背水陣激發士氣，奇襲趙軍本陣，大破陳餘。
- 降燕不戰→採用李左車計謀，以書信震懾燕國，未費一兵一卒降燕。
- 濰水決戰→決水攻敵，誘敵深入，水淹楚軍，滅龍且平齊國。

最終，韓信不僅支援劉邦正面戰場，更直接削弱楚軍勢力，為劉邦最終擊敗項羽奠定基礎。

垓下之戰：項羽末路，楚漢爭霸落幕

漢軍十面埋伏，楚軍陷入絕境

鴻溝議和後，項羽撤軍東返，但劉邦採納張良、陳平建議，背信追擊，意圖徹底消滅楚軍，確保漢家江山穩固。

韓信、彭越遲遲未到，漢軍初戰失利：

劉邦親率大軍追擊至固陵（今河南睢陽北），但韓信與彭越並未如約會合。

楚軍反擊猛烈，漢軍大敗，劉邦無奈築壘固守，防止楚軍進一步進攻。

張良出計，派使者給韓信、彭越傳信，許諾戰後封地擴大，二將才肯出兵。

楚軍糧草不繼，韓信設下埋伏：

楚軍僅餘十萬兵力，且補給線已斷，陷入極大困境。

韓信擁有五十萬大軍，親自指揮十面埋伏之計：

- 以主力佯敗誘敵深入。
- 孔聚、陳賀從左右夾擊，包圍楚軍。
- 漢軍猛攻，楚軍大敗，被圍於垓下（今安徽靈璧）。

楚歌四起，楚軍軍心崩潰

項羽退入營帳，試圖重新整頓軍隊，卻聽見漢軍營中傳來熟悉的楚地歌聲。

張良心戰計，動搖楚軍：

張良建議漢軍士卒夜晚齊聲唱楚歌，讓楚軍以為楚地已全被漢軍攻占。

楚軍士卒思鄉心切，士氣潰散，大批將士逃亡，楚軍軍心完全瓦解。

項羽悲愴，與虞姬決別：

項羽見大勢已去，與愛妾虞姬帳中飲酒，悲歌慷慨：「力拔山兮氣蓋世，時不利兮騅不逝」。

虞姬淚流滿面，深知項羽已無翻盤可能，最終自刎殉情。

烏江自刎，項羽謝幕

垓下被圍，項羽仍率八百精騎趁夜突圍，一路向南逃亡。漢軍主力並未察覺，等到天亮才發現項羽已逃，灌嬰奉命率五千騎兵追擊。

項羽突圍，力戰漢軍：

逃至東城（今安徽定遠），身邊僅剩 28 名騎士。

遭漢軍千人包圍，項羽仍奮勇廝殺，一劍斬殺漢將，震懾追軍。

突圍至烏江（今安徽和縣），僅存 26 人。

烏江亭長勸項羽渡江：

亭長準備好船，勸項羽東渡回吳，重整旗鼓。

項羽婉拒：「無顏見江東父老！」

將愛馬烏騅贈予亭長，決心戰死。

力戰漢軍，最終自刎：

項羽斬殺數百名漢軍，身受十餘處重傷。

見老相識漢將呂馬童，笑問：「漢王懸賞千金，你便取我首級領賞吧！」

拔劍自刎，壯烈身亡，楚軍至此徹底崩潰，楚漢戰爭落幕。

楚漢爭霸落幕，劉邦奠定漢朝基業

垓下之戰後，劉邦再無勁敵，正式稱帝建立西漢，開創四百年大一統王朝。項羽雖敗，但其英勇與氣節流芳百世，成為千古傳頌的悲劇英雄。

周亞夫平定七國之亂：削藩與中央集權的勝利

諸侯王制度的隱患

漢朝建立後，劉邦為了鞏固統治，一方面消滅異姓諸侯王，另一方面卻大封同姓諸侯王，使其各自統治封國。然而，這種做法卻為後來諸侯勢力壯大、威脅中央埋下了隱憂。當時受封的諸侯王包括楚王劉交、齊王劉肥、趙王劉如意、代王劉恆、梁王劉恢、淮陽王劉友、淮南王劉長、吳王劉濞和燕王劉建等九人，他們的封國範圍廣大，占據了國土的大半，形成尾大不掉的局面。

隨著時間推移，諸侯王勢力日益壯大，並逐漸不受中央約束。西元前 174 年，淮南王劉長首先發動叛亂。他是劉邦的幼子，自認與高祖關係最親，理應擁有更大的權力。文帝即位後，他不服中央管制，甚至驅逐中央派遣的官員，視自己為獨立王國之主。他不僅不遵守漢朝法律，甚至與匈奴勾結，企圖謀反。最終，陰謀敗露後，他被流放蜀郡，途中絕食而亡。

晁錯削藩與七國之亂

由於諸侯王勢力膨脹，已對中央構成嚴重威脅，賈誼向文帝上奏《治安策》，主張分化諸侯勢力，「眾建諸侯而少其力」，即增加諸侯王的數量，但縮小每個封國的領土，以防止諸侯勢力過於集中。景帝時期，晁錯進一步提出《削藩策》，以諸侯觸犯法網為由，削減他們的封地。

西元前 154 年，吳王劉濞因不滿削藩政策，發動叛亂。他聯合楚王劉戊、趙王劉遂、濟南王劉辟光、膠西王劉印、膠東王劉雄渠、菑川王劉賢等六國，共同反抗中央，史稱「七國之亂」。吳王劉濞以「誅晁錯，以清君側」為口號，企圖迫使景帝撤銷削藩政策。然而，景帝雖聽信讒言誅殺了晁錯，吳王仍不肯退兵，並揚言奪取帝位。

周亞夫平亂

七國聯軍發兵西進，擊敗了梁國軍隊，使梁國陷入危機，多次向中央求援。景帝遂派太尉周亞夫率領三十六名將軍討伐叛軍。周亞夫堅守戰略要地滎陽，並未急於救援梁國，而是採取堅守昌邑的戰術，以牽制吳楚聯軍。他接著率輕騎兵南下，奪取泗水至淮河的要道，截斷吳楚聯軍的糧道，使敵軍陷入困境。

由於吳楚聯軍以步兵為主，適合山地作戰，而漢軍擅長於平原地區作戰，戰場位於淮北平原，吳軍陷入不利局勢。梁國堅守睢陽，使吳軍無法突破。當吳軍進攻下邑時，周亞夫率軍迎戰，大敗吳軍，導致叛軍士氣低落、飢餓潰散。最後，吳王劉濞敗退至丹徒，漢軍又派人遊說東越人反吳，最終吳王被東越人所殺，其他六國諸侯王皆戰敗自盡。七國之亂歷時三個月即告平定。

削藩政策的成功與影響

七國之亂的平定，鞏固了削藩政策的成果，進一步削弱了諸侯王的勢力，使中央集權得以加強。這場戰爭在一定程度上解決了劉邦當初分封同姓王所帶來的矛盾，也為後來漢武帝進一步削弱諸侯勢力、推動「推恩令」奠定了基礎。周亞夫的戰略部署與堅守戰術，充分展現了漢軍的軍事優勢，成為歷史上削弱地方割據勢力的重要典範。

漢武帝抗擊匈奴：建立強大邊防的關鍵戰役

和親政策的失敗與漢武帝的戰略轉變

自漢初以來，匈奴不斷侵擾北方邊境，成為漢朝最嚴重的外患問題。歷經數代統治者的「和親」政策，漢匈關係雖有緩和，但邊境依然不穩。到了漢武帝即位，國力充實，軍事實力增強，使得他決心放棄和親政策，轉而主動出擊，開啟大規模的抗擊匈奴戰爭。

元光二年（西元前 133 年），漢武帝策劃馬邑之謀，命聶壹出塞誘敵，試圖引匈奴深入漢境，再以三十萬大軍伏擊，企圖殲滅匈奴主力。然而，匈奴單于察覺埋伏，及時撤軍，導致計畫失敗。儘管如此，這次事件象徵著漢朝由防守轉向進攻的戰略變革，也拉開了長達數十年的漢匈戰爭序幕。

河西戰役：奠定漢朝西北屏障

元朔二年（西元前 127 年），匈奴持續侵擾雲中、漁陽等地。漢武帝命衛青率軍沿黃河北岸西進，最終收復自秦末以來已被匈奴占據八十多年的河南地區（今內蒙古河套地區）。漢朝隨後設立朔方郡與五原郡，遷內地百姓十萬餘人移居此地，修復秦長城與沿河要塞，從此解除長安的威脅，建立堅實的防禦屏障。

元朔五年（西元前 124 年），衛青再次出征，率軍深入匈奴領地，於夜間奇襲匈奴右賢王部。此役漢軍斬獲匈奴兵一萬五千，並繳獲大量牲畜，使匈奴勢力受挫。

祁連山戰役：霍去病建立赫赫戰功

元狩二年（西元前 121 年），霍去病率一萬騎兵自隴西進軍，越焉支山，進入匈奴休屠王領地，與敵軍激戰六日，在皋蘭山決戰，殲敵八千，並奪得休屠王所供奉的「金人」（佛像）。漢武帝為紀念此勝利，將該金人供奉於甘泉宮。

同年夏天，匈奴再次騷擾代郡、雁門，漢武帝採取東西兩線進攻策略。東線由張騫、李廣迎擊左賢王，然而李廣孤軍深入，遭四萬匈奴騎兵包圍，血戰兩日，死傷過半，最終靠張騫救援才得以脫險。西線則由霍去病率軍進攻祁連山，再度大獲全勝，俘獲匈奴貴族兩千五百人，斬首三萬餘級，重創匈奴主力。此次勝利，使漢朝正式掌控河西走廊，確保絲綢之路的安全。

河西歸漢：開啟與西域的通道

河西戰役後，匈奴內部發生內鬨。單于責怪休屠王與渾邪王戰敗，企圖誅殺二人。渾邪王為求自保，決定投降漢朝。漢武帝為防止詐降，派霍去病率軍迎接。然而，渾邪王部下部分將領意圖反叛，霍去病果斷鎮壓，斬殺千餘人，穩定局勢，最終成功護送渾邪王至長安。漢武帝隨即將河西地區納入版圖，設立武威、酒泉、張掖、敦煌四郡，確保對西域的控制。

漠北戰役：重創匈奴主力

元狩四年（西元前 119 年），漢武帝策劃大規模漠北戰役，意圖徹底擊潰匈奴勢力。他命衛青、霍去病各率五萬騎兵，合計數十萬人出擊。霍去病深入沙漠二千餘里，殲滅左賢王七萬餘人，並於狼居胥山舉行封禪儀式，象徵漢朝軍威遠播。衛青則渡沙漠迎戰單于，雙方在惡劣天候下交戰，衛青圍困單于，迫使其突圍逃走。最終，漢軍直抵趙信城，焚毀匈奴重要據點，取得壓倒性勝利。

戰爭影響：漢朝確立北方霸權

漠北之戰後，匈奴主力受到沉重打擊，百餘年的邊境威脅大幅減弱。漢朝不僅穩固北方邊防，還進一步推動與西域的連繫，為日後絲綢之路的開通奠定基礎。此外，漢軍多次取勝，使匈奴內部矛盾加劇，日後勢力逐漸衰弱，最終導致其分裂。

漢武帝的抗匈戰略，不僅確保了漢朝邊境安全，也促成了中國歷史上第一次大規模的西域開拓，對後世影響深遠。他的軍事決策與對邊疆治理的遠見，奠定了漢朝長達數世紀的強盛局面。

第四章
兩漢風雲與三國鼎立

導言

趙充國平定羌亂象徵著漢朝對西北邊疆的戰略布局與治理策略。他的「屯田制」與「先安撫後征伐」的政策，不僅穩定了河西走廊與西羌地區，確保絲綢之路的暢通，也成為後世邊疆治理的重要參考。這種「寓兵於農」的策略，在後來的東漢、西晉乃至唐朝都被廣泛採用，促進了邊疆地區的長期穩定與開發。

劉秀（光武帝）南陽起兵，則象徵著東漢的復興。他以「柔道治國」，推行「休養生息」，使東漢成為中國歷史上少數能成功中興的王朝之一。光武帝的戰略以靈活用兵與穩健政治手腕見長，他在河北平定割據勢力，以懷柔政策安撫關中豪強，並與地方豪族建立良好關係，使得東漢得以長治久安。這套策略後來被晉朝、唐朝、明朝等王朝借鑑，成為中國歷史上「以文治武」的重要典範。

東漢末期，宦官專政導致政局動盪，形成「宦官－外戚－士族」的權力鬥爭模式。宦官干政削弱了中央政府，使得地方勢力逐漸坐大，為割據局面埋下伏筆。這一模式在中國歷史中反覆上演，如唐朝的牛李黨爭、明朝的東廠與魏忠賢專權，最終都導致朝廷內耗加劇，加速政權衰敗。董卓掌權後，其殘暴統治與廢立皇帝的行為，加速了漢室的崩潰，也促成了「群雄並起」的三國格局。

官渡之戰則是中國軍事史上「以弱勝強」的經典戰例。曹操憑藉優秀的情報戰與後勤戰略，擊潰了兵力數倍於己的袁紹，確立了北方霸主的地位。這場戰役展現了「後勤保障」、「兵貴神速」與「分化離間」的戰略運用，其影響深遠。例如，唐太宗在與突厥的戰爭中運用相似戰術，明朝徐達與常遇春北伐元朝時也借鑑了類似策略。官渡之戰證明了軍事勝利不僅依賴兵力多寡，更取決於情報掌握、後勤管理與內部團結，成為後世軍事戰略的重要案例。

赤壁之戰是中國歷史上首次大規模的水戰，也是以少勝多、靈活運用火攻的典範。孫劉聯軍在諸葛亮與周瑜的策劃下，利用火攻與東風，徹底擊潰曹軍，奠定了三國鼎立的基礎。這場戰爭證明了環境與天時對軍事勝利的決定性作用，例如南宋岳飛在采石之戰中運用了類似的水戰策略。赤壁之戰也顯示了「聯盟戰略」的重要性，影響了後世如明朝抗倭聯盟、辛亥革命時孫中山聯合各省獨立等歷史事件。

曹操運用反間計擊潰馬超，則是情報戰與心理戰的經典案例。馬超原為西涼的強大軍事力量，與韓遂聯軍對抗曹操。然而，曹操運用反間計成功離間二人，使西涼軍自相殘殺，最終導致馬超潰敗，投奔劉備。這一計策與孫子兵法的「離間計」相契合，後來被清朝雍正帝用於削弱蒙古貴族內部矛盾，促成清朝對蒙古的有效統治。這種「分化瓦解」的策略也成為中國歷史上削弱敵對勢力的常用手段，如唐朝對吐蕃的分化政策、明朝對北元的策略等。

整體而言，從趙充國平羌到曹操一統北方，這段歷史展現了中國古代軍事與政治運作的核心原則：靈活用兵、聯盟策略、情報戰、後勤保障與長遠治理。東漢的興衰顯示了政權穩定與地方豪族平衡的重要性，宦官專政與軍閥割據則成為歷史上王朝衰落的警示。曹操的北方統一戰爭與官渡之戰、赤壁之戰等經典戰例，成為後世軍事戰略的重要範本，影響了中國歷史中無數場戰爭與政權變遷。這段歷史不僅奠定了三國鼎立的格局，也對後世的政治與軍事決策產生了深遠影響。

趙充國平定羌亂：穩定邊疆的戰略智慧

羌人的歸附與漢朝的邊防政策

羌族是西漢時期活動於今甘肅、青海和西藏一帶的少數民族。漢景帝時，羌人首領何留率部歸附漢朝，朝廷將其安置於隴西郡的安故、狄道、臨洮、氐道等地。漢武帝時，設立河西四郡，築令居塞，禁止羌人居住於湟水流域，以隔絕匈奴與羌人的聯繫，並派遣護羌校尉監管各部落。

然而，隨著人口增長與牧地競爭，羌人逐漸與漢朝發生衝突。漢宣帝即位後，先零羌等部落希望北遷至湟水流域，但這一舉動違背了漢朝的邊防政策。當時負責巡視邊境的光祿大夫義渠安國未能識破羌人的真正意圖，竟替其上奏，建議允許遷徙。老將趙充國察覺此舉可能導致羌人叛亂，立即上奏請求加強防備，然而朝廷未予重視。不久，羌人果然私自渡湟水，郡縣無法阻止，局勢開始惡化。

羌亂爆發與漢朝初步鎮壓

元康三年（西元前 63 年），先零羌與其他羌族首領兩百餘人舉行盟誓，解除舊仇，聯合對抗漢朝。同時，羌侯狼何派使者聯絡匈奴，意圖聯手攻擊西域的鄯善與敦煌，以切斷漢朝與西域的交通。漢朝再度派遣義渠安國巡視邊境，然而，他的應對策略過於激烈，反而激怒羌人。他在召集三十餘名羌族首領後，將其全部殺害，隨後又發兵襲擊羌族各部，斬殺千餘人。這一行動不僅未能震懾羌人，反而促使羌人全面反抗，以歸義羌侯楊玉為首，聯合匈奴，進攻城鎮，殺害官員，局勢日趨嚴峻。

西元前 61 年，匈奴單于率十餘萬騎兵屯兵邊塞，與羌人形成呼應之勢。漢朝派趙充國率四萬騎兵駐防九郡，匈奴見漢軍防禦嚴密，未敢輕舉妄動，最終選擇撤軍。然而，負責進攻羌人的義渠安國卻遭遇慘敗，三千騎兵被羌軍擊潰，使得局勢更加棘手。此時，迅速平定羌亂已成為漢朝的當務之急。

趙充國的戰略布局

七十六歲的老將趙充國臨危受命，親赴前線金城進行為期兩個月的實地調查。他的軍事策略並非單純追求戰功，而是以長期穩定邊疆為目標。他主張以「示威而安撫」的方式，採取分化政策 —— 嚴厲打擊首謀叛亂的先零羌，對於被脅迫參與叛亂的其他羌族則寬大處理，避免激化矛盾。

然而，與趙充國一同鎮壓羌亂的酒泉太守辛武賢卻主張速戰速決，率軍從張掖、酒泉出發，攜帶一個月糧草，直接攻擊羌人部落。漢宣帝最初採納了辛武賢的建議，任命許延壽為強弩將軍，辛武賢為破羌將軍，並要求趙充國配合行動。然而，趙充國認為此策略缺乏長遠考量，極可能導致羌人頑抗不降，因此冒險上奏，強烈反對辛武賢的作戰計畫，並力陳其弊端。

三次上書與戰略勝利

漢宣帝起初拒絕趙充國的建議，並責備他不服從命令。然而，趙充國不顧風險，再次上奏，詳細分析戰局利弊，甚至自請治罪，以示堅持己見。經過多次奏疏，朝中大臣從最初的三成支持，增至五成，最後竟有八成大臣轉而贊同趙充國的計畫。最終，漢宣帝終於同意趙充國的建議，改變作戰方針。

趙充國率軍進攻先零羌，成功大獲全勝。面對潰敗的羌軍，他並未窮追猛打，而是放任敵軍逃竄，減少其拼死抵抗的決心。結果，羌人渡水時自行落水溺死者數百人，投降及被斬首者五百餘人，漢軍繳獲馬、牛、羊十餘萬頭，戰車四千輛。隨後，漢軍進入罕、羌地區，嚴守軍紀，未曾燒殺劫掠，使當地羌人感念漢軍恩德，最終和平歸降。

以屯田安撫羌人

趙充國認為，羌人勢力已受重創，應以屯田「以待其敝」，不急於進攻。然而，漢宣帝再次聽信辛武賢的建議，要求乘勝追擊。趙充國第三次上書，冒著觸怒皇帝與外戚許延壽的風險，反覆陳述屯田政策的必要性。經過深入討論，漢宣帝最終接受了他的建議。

趙充國實施屯田政策，使羌人叛亂迅速瓦解。至西元前 60 年，已有三萬一千餘羌人歸降。同年秋，羌族內部發生權力鬥爭，羌若零、離留等部落殺害叛首猶非、楊玉，率四千餘人投降漢朝，至此，羌人叛亂徹底平息。西漢政府為歸降的羌族首領頒發「漢歸義羌長」印，授予他們管理權，使其在漢朝統治下自主管理部落事務，進一步穩定邊疆。

趙充國的遠見與成功

趙充國以其深思熟慮的戰略眼光，成功平定羌亂，為漢朝邊境帶來長期穩定。他不僅運用軍事手段，更透過分化瓦解與屯田經略，使漢朝對西北地區的控制更加穩固。他三次冒險上書，堅持己見，最終說服漢宣帝改變決策，充分展現了一位傑出將領的勇氣與智慧。他的政策不僅避免了無謂的戰爭消耗，更為後世邊疆治理提供了寶貴的經驗。

劉秀南陽起兵：東漢的崛起與統一天下

西漢末年的動盪與王莽政權的崩潰

西漢末年，社會矛盾日益激化，王莽篡奪漢朝政權後，推行一系列改革，希望以「托古改制」的方式穩定社會。然而，他的政策不但未能解決問題，反而加劇了經濟混亂與民生困苦。苛重的賦役、嚴酷的刑法，加上連年天災，使得民怨沸騰，各地農民紛紛揭竿而起，反抗王莽的暴政。

在這場全國性的動亂中，新市、平林等地的綠林軍迅速壯大，並席捲南陽一帶。南陽宗室劉縯與其弟劉秀（漢高祖劉邦的九世孫）也在此時聚眾起兵，響應農民起義軍。他們在棗陽大敗王莽軍後，推舉劉玄為帝，即更始帝，並建立統一的政權組織。劉縯被封為大司徒，劉秀則任太常偏將軍。

昆陽之戰：劉秀的軍事才能初露鋒芒

王莽得知更始帝即位後，極為恐慌，立即派大將王尋、王邑率軍百萬討伐起義軍。面對這股龐大敵軍，劉秀選擇退守昆陽，而王莽大軍則以十萬兵力包圍該城，城內僅有八九千守軍，形勢岌岌可危。劉秀當機立斷，帶領十三名騎兵突圍，尋求援軍。他成功集結外部兵力，並親自率領千餘步騎回援昆陽。

戰鬥開始後，劉秀以機動戰術騷擾敵軍，成功削弱其士氣。他帶領三千敢死隊突襲敵軍中營，並在內外夾擊下，使王尋被斬，王莽軍潰敗。戰後，昆陽一戰徹底摧毀了王莽的軍事主力，加速了王莽政權的瓦解。此時，更始政權內部開始出現派系鬥爭，更始帝在權臣挑唆下，殺害了軍中威望極高的劉縯，使得劉秀亦受到猜忌。為了自保，劉秀採取低調策略，韜光養晦，不久王莽在長安被殺，更始帝正式遷都洛陽，並派劉秀北渡黃河，鎮撫河北諸州，這為他後來獨立發展奠定了基礎。

河北稱雄：劉秀確立霸權

劉秀在河北立足未穩時，當地宗室劉林扶持卜者王郎，假稱漢成帝之子劉輿，在邯鄲稱帝，導致河北諸郡相繼倒戈。劉秀被迫退往幽州治所薊城，然而王郎懸賞十萬戶捉拿劉秀，河北宗室劉接亦起兵響應，形勢危急。無法在薊城久留的劉秀，只能一路南撤，風餐露宿，輾轉來到仍然支持更始政權的信都太守任光處。

在信都，劉秀迅速徵集四千兵力，並得到郡守邳肜、鉅鹿大族劉植與耿純等人的支持，軍隊擴張至數萬人。他與王郎勢力周旋，並獲得上谷太守耿況、漁陽太守彭寵的援軍，使其兵力進一步增強。更始二年（西元 23 年）五月，劉秀率軍攻陷邯鄲，王郎被擒殺，劉秀正式成為河北地區的實質統治者。

與更始政權決裂

更始帝對劉秀的崛起深感不安，遂封其為「蕭王」，命他返回長安。劉秀採納謀臣耿弇的建議，以「河北未平」為由拒絕西歸，實際上與更始政權已經決裂。隨後，河北地區湧入大量流亡軍隊，如銅馬軍、大彤軍等，劉秀為了站穩腳跟，不得不與這些割據勢力展開艱苦戰鬥。

在此期間，劉秀派吳漢、耿弇率軍往幽州增援，自己則親率大軍在鉅鹿、魏郡等地擊潰銅馬軍，並收編其部隊，使得兵力增至數十萬人。西元 25 年初，他進一步平定河北地區，確立統一大業的基礎。

建立東漢：劉秀的稱帝與統一天下

更始政權的腐敗與專橫，使得其統治失去民心。當更始帝在長安沉溺於享樂時，另一支農民起義軍 —— 赤眉軍則擁立劉盆子為帝，並攻入長安，迫使更始帝投降，最終被殺。赤眉軍入城後，卻同樣大肆燒殺劫掠，令百姓苦不堪言。

此時，劉秀麾下的名將鄧禹趁機率軍進入關中，伺機奪取長安。同時，劉秀又派馮異占領孟津，與屯守洛陽的更始大將朱鮪、李軼對峙。西元 25 年六月，劉秀在鄗城（今河北柏鄉）正式稱帝，建立東漢，年號建武。同年十月，他定都洛陽，確立了新的政治中心。

建武三年（西元 27 年），劉秀親率大軍征討關中，赤眉軍十餘萬人最終投降。此後，他陸續平定全國各地割據勢力，統一天下，徹底結束了西漢末年的大亂局。

劉秀的成功之道

劉秀以卓越的軍事才能、靈活的政治手腕，以及穩健的治國策略，成功建立了東漢王朝。他不同於更始政權的短視與腐敗，而是以寬厚仁政與穩健發展為基礎，使東漢在戰亂後迅速恢復生機。他不僅善於運用兵法，還能審時度勢，採取以戰略性統一為目標的穩健方針，最終確立了東漢長達近兩百年的統治，成為中國歷史上少數由亂世崛起，並成功恢復天下的明君之一。

割據勢力的崛起與光武帝的策略

東漢建立後，各地仍有許多割據勢力與劉秀對抗，其中包括漁陽的彭寵、齊地的張步、梁地的劉永、廬江的李憲、南郡的秦豐、天水的隗囂、河西的竇融、巴蜀的公孫述，以及五原的盧芳。面對這些勢力，光武帝採取靈活的策略，包括各個擊破、政治誘降與武力討伐並舉，歷經十餘年戰爭，逐步平定全國，實現了東漢的統一。其中，齊地的張步、隴西的隗囂與巴蜀的公孫述，則是東漢統一過程中最為艱難的三場戰役。

齊地之戰：耿弇擊破張步

張步割據齊地，嚴重威脅東漢的統治。光武帝命名將耿弇率領劉歆、陳俊討伐張步。耿弇先擊祝阿（今山東泰安附近），迅速攻破該城，並刻意讓部分守軍逃亡至鍾城，導致鍾城守軍恐慌，棄城而逃。接著，耿弇採用「圍城打援」戰術，成功誘敵，並在巨里（今山東章丘）大敗張步部將費邑，斬其首級，動搖張步軍心。

張步的據點在劇縣（今山東壽光），他的弟弟張藍率二萬精兵駐守西安（今山東桓台東），臨淄則由諸郡太守駐守。耿弇假裝五日後進攻西安，實則突襲臨淄，以迅雷不及掩耳之勢攻下該城，迫使張藍逃亡劇縣。隨後，張步親率二十萬大軍反擊，雙方在淄水畔激戰，耿弇先示弱撤退，誘敵深入，待敵軍逼近後，突然展開側翼包抄，大敗張步軍，最終張步在平壽向耿弇投降，齊地平定。

隴西之戰：馮異、吳漢圍剿隗囂

隴西的隗囂擁有強大軍力，並獲得關中士族的支持，成為東漢統一道路上的一大障礙。初期，光武帝對隗囂採取懷柔政策，授以高官厚祿，以換取名義上的歸順。然而，隗囂部將王元等人認為東漢尚未穩定，極力勸說隗囂聯合公孫述，與東漢對抗。西元 30 年，光武帝命蓋延率軍討伐隗囂，隗囂則與公孫述結盟，試圖固守隴西。

建武七年（西元 31 年），隗囂聯合公孫述，意圖擴張勢力，並進攻安定、隴西。光武帝則派馮異堅守防線，並派吳漢率軍進攻隴右。隗囂派遣王元向公孫述求援，光武帝則以戰略布局切斷援軍補給，最終圍困隗囂於西城。雖然蜀地派兵相救，但因漢軍防守得當，救援行動失敗。

建武九年（西元 33 年），隗囂因長期圍困，糧食匱乏，最終因憂鬱而病逝。其部下擁立隗純為王，但光武帝派軍發動強勢攻擊，徹底擊潰殘餘勢力，將隗囂家族遷出隴右，隴西遂歸東漢版圖。

巴蜀之戰：吳漢滅公孫述

西元 25 年，公孫述趁更始政權崩潰之際，自立為蜀王，後稱帝於成都，建元「龍興」，憑藉益州的富庶資源與險峻地形，與東漢對峙十餘年。他延攬西北割據勢力如隗囂、呂鮪等人，並招降流亡將領，形成強大軍事集團。

建武九年（西元 33 年），光武帝命吳漢、岑彭發起巴蜀戰役，進攻公孫述。岑彭率軍自荊州北進，擊潰蜀軍，占領荊門要塞。不久，岑彭在行軍途中遭刺客暗殺，光武帝震怒，令吳漢接替總指揮，繼續進軍。

建武十二年（西元 36 年），吳漢大舉進攻成都，光武帝親自指示：「成都有十餘萬軍隊，不可輕敵，應避其鋒芒，待敵疲憊後再擊。」但吳漢趁勝追擊，在成都城下決戰。公孫述親率數萬軍隊出城迎戰，最終於混戰中被護軍高午擊傷，當夜身亡。翌日，成都守軍投降，蜀地納入東漢版圖，東漢終於完成統一。

統一後的治理與影響

光武帝平定各地割據勢力後，開始著手恢復國家秩序。他採取輕傜薄賦政策，減輕百姓負擔，並嚴格約束地方豪族，防止新的割據勢力崛起。他還廣納賢才，如伏湛、鄧禹、耿弇等人，確保政權的穩固。同時，他重建科舉制度，提升國家治理效率，使東漢政權得以延續近兩百年。

光武帝的戰略與成功

光武帝劉秀憑藉卓越的軍事才能與靈活的政治手腕，逐步平定各地割據勢力，實現了東漢的統一。他運用懷柔與武力並行的策略，在削弱敵對勢力的同時，也成功籠絡地方豪強，使其為東漢政權所用。東漢的統一不僅結束了西漢末年的混亂局勢，也為後續的繁榮奠定了基礎，成為中國歷史上少數由亂世崛起並成功統一天下的明君之一。

關東軍聯盟破董卓：東漢末年群雄爭霸的開端

東漢末年，宦官專權，外戚與宦官的鬥爭日益激烈。何太后之兄何進掌控朝政，計劃誅殺宦官，於是召董卓、丁原等軍閥進京助陣。然而，宦官張讓等人搶先行動，暗殺何進。隨後，袁紹率兵攻入宮中，誅殺兩千多名宦官，徹底消滅宦官勢力。

董卓率軍進入洛陽，迅速掌控朝廷。他廢除少帝劉辯，擁立年僅九歲的劉協為漢獻帝，並自封為相國，專擅朝政。他的暴政橫行無忌，不僅殺害少帝與唐妃，還在洛陽大肆屠殺百姓，激起全國各地的反抗。

曹操曾試圖行刺董卓未果，於是逃出洛陽，回到家鄉募集義兵。他獲得鉅富衛弘的資助，迅速招募了大批能人勇將，如李典、樂進、夏侯惇、夏侯淵、曹仁、曹洪等人，成為其得力將領。隨後，曹操以矯詔名義召集各地諸侯，發動討伐董卓的戰爭。

關東軍聯盟的形成

袁紹收到矯詔後，立即率三萬兵馬與曹操會合，各地諸侯紛紛響應，組成關東軍，包括：

- 袁紹（盟主）
- 袁術（南陽太守）
- 韓馥（冀州刺史）
- 孔伷（豫州刺史）
- 劉岱（兗州刺史）
- 王匡（河內太守）
- 張邈（陳留太守）
- 喬瑁（東郡太守）
- 袁遺（山陽太守）
- 鮑信（濟北相）
- 孔融（北海太守）
- 陶謙（徐州刺史）

- 馬騰（西涼太守）
- 公孫瓚（北平太守）
- 張超（廣陵太守）
- 張揚（上黨太守）
- 孫堅（長沙太守）
- 劉備、關羽、張飛（隨公孫瓚參戰）

聯軍推舉袁紹為盟主，並令孫堅為先鋒，率軍進攻董卓軍的汜水關。

汜水關之戰：關羽溫酒斬華雄

董卓得知關東軍進攻，急忙召集眾將商議。呂布請戰，卻被華雄搶先出戰。華雄率五萬兵馬迎戰，並迅速擊敗鮑忠、俞涉與潘鳳等諸侯將領。關東軍士氣受挫，袁紹憂心忡忡，感嘆：「我有上將顏良、文醜未至，何人可戰華雄？」

關羽聞言，主動請纓，曹操親自斟酒相送。關羽豪氣干雲地說：「酒且溫著，我去便來！」隨即提刀上馬，帳外鼓聲震天，不多時便斬下華雄首級，酒還未涼，成就了「溫酒斬華雄」的傳奇。

虎牢關之戰：三英戰呂布

華雄戰死後，董卓震怒，派李傕、郭汜駐守汜水關，並親率十五萬大軍駐守虎牢關，呂布則率三萬鐵騎為前鋒。

呂布勇猛無比，先後斬殺王匡部將方悅、張揚部將穆順、孔融部將武安國，關東軍屢戰屢敗。最終，公孫瓚出戰，也不敵呂布，被逼退至高崗。就在呂布即將追殺公孫瓚時，張飛挺槍殺出，與呂布激戰五十回合，不分勝負。關羽見狀，揮刀加入戰局，雙戰呂布三十回合，仍未能取勝。劉備見狀，也拔劍參戰，三人合力圍攻呂布，這場「三英戰呂布」成為千古佳話。

最終，呂布不敵三人聯手，只得撤回關內，關東軍趁勢進攻，董卓見形勢不妙，決定撤軍西遷。

董卓遷都長安，關東軍解體

董卓與李儒商議後，決定遷都長安。他命令軍隊大肆搶掠洛陽，劫走皇帝與宮廷寶物，並放火焚燒宮殿、百姓房屋，使洛陽化為廢墟。

關東軍進入洛陽後，孫堅先發兵滅火，並在井中發現象徵皇權的傳國玉璽。程普勸孫堅速返江東，另圖大事。曹操則建議袁紹乘勝追擊董卓，但袁紹與諸侯皆以兵疲為由拒絕，實則各懷異心，不願與董卓死戰。曹操怒斥：「豎子不足與謀！」

遂率領僅存的部隊追擊董卓至滎陽，卻中了董卓部將徐榮的埋伏，大敗而回。

關東軍的諸侯見局勢未明，紛紛解散，各自回到自己的地盤，聯盟正式瓦解。

影響與後續發展

關東軍雖然迫使董卓遷都長安，卻因內部矛盾未能徹底消滅董卓，導致中原進一步陷入群雄割據的局面。曹操、孫堅、劉備等人在此次戰役中嶄露頭角，為日後的三國鼎立奠定基礎。

- 曹操：收攏殘兵，前往揚州發展勢力，最終成為北方霸主。
- 孫堅：帶回傳國玉璽，為孫氏家族稱霸江東打下基礎。
- 劉備：初次參戰，雖未獲大功，但為日後的發展累積了經驗。

董卓雖然暫時穩定了長安政局，但其暴政仍引起眾怒，最終被呂布與王允合謀殺害。此後，中原進入長期混戰時期，群雄爭霸的序幕正式拉開。

官渡之戰：曹操以弱勝強奠定北方霸業

背景：曹操與袁紹的對峙

東漢末年，群雄割據，各地勢力互相爭奪。董卓在挾持漢獻帝至長安後專權暴虐，最終被王允與呂布聯手除掉。然而，董卓舊部李傕、郭汜又陷入內鬥，長安大亂。漢獻帝在楊奉、董承的護送下返回洛陽，卻發現洛陽已成殘破廢墟。曹操趁機迎接獻帝至許昌，並以「挾天子以令諸侯」的策略迅速壯大自身勢力。

當時，各地割據勢力林立，其中以河北的袁紹實力最強，他擁有冀州、青州、幽州、并州，兵多將廣，與曹操形成南北對峙之勢。袁紹意圖南下消滅曹操，統一北方，而曹操則在袁紹進攻前，率先鏟除呂布與張繡等敵對勢力，為對抗袁紹做準備。

戰前局勢：劉備作亂，曹操先行擊破

西元 199 年，袁紹開始策劃進攻許昌，其謀士田豐、沮授主張先休養生息，積蓄實力再戰，而審配、郭圖則主張立即出兵。袁紹採納審配、郭圖的建議，組織十萬大軍，戰馬萬匹，準備與曹操決戰。

正當曹操準備迎戰時，劉備趁機在徐州發動叛亂，占領下邳，並與袁紹聯絡，準備合擊曹操。為避免兩線作戰，曹操決定先攻劉備。西元 200 年正月，曹操親率精兵進攻徐州，迅速擊敗劉備，並策動關羽暫時歸降。劉備則單身逃往河北，投靠袁紹。曹操解決劉備後，隨即返回許昌，全力迎戰袁紹。

白馬、延津之戰：關羽斬顏良、文醜

西元 200 年二月，袁紹大軍進抵黎陽，派大將顏良攻打白馬，試圖控制黃河南岸，確保主力渡河。顏良率軍圍攻白馬，曹操依荀攸之計，佯攻延津，使袁紹分兵應對，隨後再派張遼與關羽奇襲白馬。關羽迅速斬殺顏良，袁軍潰散，曹操成功解圍，並撤回官渡。

袁紹不甘失敗，又派文醜與劉備率軍追擊曹操。曹操利用誘敵策略，故意拋棄輜重，引誘文醜軍隊爭奪物資，趁其混亂時發動突襲。關羽趁機迎戰文醜，不到三合便將其斬殺，袁軍再次潰敗。白馬、延津兩戰為官渡之戰的前哨戰，雖然袁紹仍擁有優勢兵力，但其士氣已大受打擊。

官渡對峙：曹操堅守待機

七月，袁紹進軍陽武（今河南中牟），準備直攻許昌。沮授建議採取持久戰，以消耗曹操的實力，然而袁紹自恃兵多，不願拖延，決定直接進攻官渡。曹操則以深溝高壘戰術固守官渡，與袁紹展開長達三個月的對峙。

袁紹命士兵在曹軍營外築土山、建高樓，以強弓弩箭射擊曹軍。曹操則利用抛石車摧毀袁軍壁壘，並挖掘長溝反制袁軍地道攻擊。雙方戰局膠著，曹軍糧草日漸不足，曹操一度考慮撤退，但在荀攸等人勸阻下，決定繼續堅守，等待戰機。

烏巢奇襲：曹操扭轉戰局

曹軍探知袁紹糧草存於烏巢，由淳于瓊率兩萬人駐守，於是計劃奇襲烏巢。此時，袁紹謀士許攸因建議不被採納，轉而投奔曹操，向曹操獻策：「烏巢屯糧萬車，防守鬆懈，若能襲擊，袁軍不戰自潰。」

曹操遂親率精兵五千，假扮袁軍夜襲烏巢，迅速放火焚燒糧倉，並斬殺淳于瓊。袁紹得知後，錯誤判斷局勢，派高覽、張郃進攻曹軍大營，而非全力救援烏巢。曹軍防守穩固，袁軍未能得手，而糧草已全部焚毀，士氣低落。

袁軍潰敗：曹操趁勝追擊

糧草被燒後，袁軍軍心動搖，內部矛盾激化。審配、郭圖等人為推卸責任，誣陷張郃、高覽對敗局感到高興。張郃、高覽憤而投降曹操，使袁軍進一步崩潰。曹操趁勢發動總攻，分兵佯稱攻打鄴城與黎陽，令袁紹軍隊四處調動，最終被擊潰。

袁紹倉皇逃回河北，沿途丟棄大量軍備與財物，僅帶數百騎逃往鄴城。曹操殲滅袁軍八萬餘人，官渡之戰以曹操大勝告終，從此奠定了其北方霸權的基礎。

戰後影響：曹操稱霸北方

官渡之戰是中國歷史上以少勝多的經典戰役，戰後局勢發生重大變化：

- 袁紹勢力急劇衰落：戰後不久，袁紹病逝，袁譚與袁尚兄弟內鬥，使曹操能逐步兼併冀州、青州等地。
- 曹操鞏固中原霸權：戰勝袁紹後，曹操掌控黃河流域，為統一北方奠定基礎。
- 三國局勢漸成：曹操統一北方後，孫權在江東崛起，劉備則投靠劉表，三足鼎立之勢開始顯現。

官渡之戰的勝利，不僅讓曹操從弱勢轉為強勢，也使其成為東漢末年最具影響力的軍閥，最終促成了魏國的建立，為三國時代的正式到來奠定基礎。

赤壁之戰：孫劉聯軍火攻大破曹軍

曹操統一北方後的南征

曹操在官渡之戰擊敗袁紹後，逐步鞏固北方的統治。他吞併袁氏勢力後，兵鋒直指南方，意圖消滅孫權與劉備，統一天下。建安十三年（西元208年），曹操親率大軍南下，目標直指荊州。

當時，荊州牧劉表病重，不久後去世。其次子劉琮惶恐不安，在部下勸說下選擇投降曹操，使曹軍順利接管荊州，獲得大量船隻與水軍資源。劉備在新野一戰擊潰曹軍前鋒後，察覺自身兵力無法與曹操抗衡，於是率領部隊南撤。同時，荊州百姓因懼怕曹軍過往屠城的歷史，扶老攜幼跟隨劉備撤退，形成「長坂坡大撤退」的場景。

曹操以輕騎部隊日行三百里，迅速追上劉備，在當陽長坂大破劉軍，並俘獲大量士兵與百姓。此時，東吳使者魯肅趕到長坂坡，勸說劉備與孫權聯手對抗曹操。劉備率殘軍與關羽會合，乘船撤至夏口，並派諸葛亮隨魯肅前往柴桑會見孫權，商討聯軍事宜。

孫劉聯盟的形成

孫權在柴桑召開會議，群臣大多主張投降曹操，認為曹軍兵力雄厚，難以抗衡。然而，魯肅力勸孫權，他指出：「群臣投降尚可封侯，而主公若降，則江東基業不保。」隨後，周瑜與諸葛亮共同分析局勢：

- 曹軍不擅水戰：大部分士兵來自北方，習慣陸戰，不適應長江水戰。
- 軍隊水土不服：曹軍長途跋涉，許多士兵染病，戰鬥力下降。
- 補給線過長：曹軍從北方遠征，糧草供應困難。
- 荊州降將不穩：荊州剛降服，曹操難以完全掌控。
- 西方仍有威脅：韓遂、馬騰等勢力在西北虎視眈眈。

周瑜與諸葛亮認為，儘管曹軍兵力占優，但若善用江東水戰優勢，仍有取勝之機。孫權深思後，決定聯合劉備，共同抗曹。

初戰赤壁：曹軍水戰不利

曹操率領二十多萬大軍，順流而下，抵達赤壁（今湖北蒲圻西北）。孫劉聯軍約五萬人，在此與曹軍對峙。雙方交戰後，曹軍不擅水戰，初戰即敗，暴露出軍隊水土不服的弱點。為了克服這一問題，曹操任命荊州降將蔡瑁、張允為水軍都督，建立水寨，訓練士卒適應水戰。

反間計：除掉蔡瑁、張允

周瑜得知曹操依賴蔡瑁、張允訓練水軍，便決定施反間計除去二人。此時，曹軍幕僚蔣幹自告奮勇，前往江東勸降周瑜。周瑜故意設下圈套，讓蔣幹偷看到偽造的蔡瑁、張允「密信」，信中稱二人密謀投降東吳。蔣幹回報曹操後，曹操震怒，立即下令處死蔡瑁、張允。

蔡瑁、張允死後，曹軍水軍群龍無首，訓練陷入混亂，水戰能力進一步削弱。

草船借箭：諸葛亮妙計取勝

周瑜準備與曹軍決戰時，發現聯軍箭矢不足。諸葛亮承諾三天內籌集十萬支箭，利用當晚大霧，率二十艘滿載稻草的船隻駛向曹軍營寨，並故意擊鼓擂戰。曹軍懼怕埋伏，命弓箭手萬箭齊發。諸葛亮讓船隊調頭，兩側稻草吸滿箭矢，待天亮時返回東吳，順利獲得十萬支箭，為後續決戰做準備。

苦肉計與連環計：火攻前奏

周瑜與諸葛亮決定採用火攻，但必須讓曹軍無法逃脫。老將黃蓋自願施行苦肉計，在帳內故意與周瑜爭執，被周瑜下令鞭打百棍，傷痕累累。隨後，黃蓋派人向曹操「投降」，曹操信以為真，決定收留黃蓋。

此外，龐統向曹操獻上連環計，建議將戰船以鐵鍊連結，減少船隻搖晃，使士兵適應水戰。曹操不察，採納此計，將戰艦串聯在一起，為火攻創造了絕佳條件。

當時，冬季長江多吹西北風，不利於火攻。周瑜為此憂心忡忡，諸葛亮則推算天象，預言三日後將起東南風。於是，他登上南屏山「借東風」，果然如期刮起大風。

黃蓋乘風率火船二十艘，滿載蘆葦、硫磺、魚油，直奔曹軍水寨。火船靠近後點燃，烈火迅速蔓延至連環戰船，頓時火光沖天，濃煙四起。曹軍兵士紛紛跳水逃生，岸上營寨也遭火焚，赤壁一帶成為火海。

孫權、劉備大軍趁勢進攻，曹軍大敗，死傷無數。

華容道：曹操狼狽逃生

曹操在張遼、許褚等護衛下倉皇撤退。聯軍在烏林、夷陵等地設伏，趙雲、張飛、關羽依次攔截。當曹操逃至華容道時，被關羽擋住去路。曹操苦苦哀求關羽念及昔日恩情，關羽猶豫片刻，終究不忍心殺害曹操，放其逃走。

曹操最終逃回北方，僅餘二十七騎，兵敗如山倒。

赤壁之戰的影響

- 曹操南進受挫，無法統一天下：此戰後，曹操喪失荊州，南進計畫破滅，統一全國的夢想破裂。
- 孫權穩固江東霸權：東吳在赤壁大捷後，確立了長江防線，成為割據南方的重要勢力。
- 劉備奪取荊州，成為獨立勢力：劉備趁勢接收荊州，為日後建立蜀漢奠定基礎。
- 三國鼎立格局形成：此戰後，曹魏、孫吳、蜀漢勢力分立，三國時代正式拉開序幕。

赤壁之戰是一場以少勝多的經典戰役，曹操輕敵驕傲，誤判形勢，而孫劉聯軍善用水戰優勢與火攻策略，最終大敗曹軍，改變了三國歷史的走向。

曹操反間計大破馬超：西涼軍潰敗，馬超輾轉投蜀

背景：曹操鏟除西涼勢力

東漢末年，西涼地區長期由馬騰、韓遂等軍閥割據，形成獨立勢力，對曹操的統治構成嚴重威脅。為削弱西涼勢力，曹

操採用荀攸之計，誘使馬騰入朝並授以高官，隨後將其誅殺。消息傳至西涼，馬騰之子馬超大怒，決心率軍為父報仇，遂聯合韓遂，集結二十萬大軍進攻曹操掌控的長安。

馬超勢如破竹，攻陷長安

曹操派鍾繇駐守長安，試圖抵擋馬超軍隊。然而，馬超部將馬岱、龐德戰力強悍，鍾繇出戰大敗，被迫退守城中。馬超久攻不下，遂採用計謀，故意撤軍，引誘城內軍士外出採集柴草。龐德等人喬裝成百姓潛入城內，半夜縱火襲擊，斬殺守門將領，打開城門，迎馬超、韓遂軍隊入城。鍾繇見大勢已去，從東門逃往潼關，並急報曹操。

曹操得報後，立即派曹洪、徐晃率軍一萬堅守潼關，並限期十日內死守不退，等待援軍抵達。馬超大軍迅速逼近潼關，日夜挑戰。第九日，西涼軍士疏於防備，曹洪見機率三千兵突襲西涼軍營。馬超迅速反應，夾擊曹洪軍隊，最終曹軍大敗，潼關失守。曹操遂親率大軍來援。

潼關決戰：曹操險遭擒殺

曹操大軍趕到潼關，採取三寨布防：

- 左寨：夏侯惇
- 右寨：曹仁

- 中寨：曹操親駐

曹軍列陣迎戰馬超軍隊，曹操發現馬超所率西涼兵個個勇猛，不禁讚嘆。然而，馬超並未給曹軍喘息的機會，直接挺槍殺來。曹軍先後派出于禁、張郃、李通應戰，但皆不敵馬超，被連續擊敗。李通更是被馬超一槍刺殺。曹軍遭遇大敗，馬超見勢直搗曹操中軍，企圖擒殺曹操。

曹操見情勢危急，策馬逃竄。然而，西涼軍大喊：「穿紅袍者是曹操！」曹操立刻脫下紅袍。隨後，又聽到軍士喊：「長髯者是曹操！」曹操驚恐萬分，連忙拔刀割下鬍鬚。幸虧曹洪、夏侯淵率軍趕來救援，曹操才僥倖脫險。

曹操困守渭水，遭遇大火

戰敗後，曹操下令堅守軍營，嚴禁出戰，以拖待變。馬超每日引軍挑戰，但曹軍嚴守不出。曹操與諸將商議破敵之策，徐晃建議：

- 由曹洪在蒲板津（渭水北岸）祕密架橋，準備渡河。
- 讓曹操親率大軍渡河，誘敵來攻，待其分兵，然後實施包圍。

曹操依計行動，成功在渭水築起浮橋。然而，馬超得知後，立即命令軍士帶草束與火種，突襲曹營。西涼軍縱火焚燒浮橋與糧車，曹軍損失慘重，被迫退回渭北。

此時，曹操營中軍心不穩，他採納荀攸之計，利用天寒地凍的氣候，在夜間用河沙與水築成凍土城，以防止西涼軍再度襲擊。天明時，馬超見堅固的土城，驚嘆不已，懷疑曹操有神助。

許褚單挑馬超，戰況激烈

雙方僵持不下，馬超提出與曹軍猛將許褚單挑決勝。兩軍列陣觀戰，馬超挺槍躍馬而出，許褚則拍馬迎戰。兩人激戰一百餘回合，不分勝負。休息片刻後，雙方換馬再戰，又鬥了百餘合，依舊不相上下。許褚性起，竟然脫去盔甲，赤裸上身迎戰，展現驚人的勇力。曹操見狀，擔心許褚受傷，遂命夏侯淵、曹洪夾擊馬超。馬超見勢不妙，命龐德、馬岱策應，雙方爆發混戰，曹軍大敗，許褚手臂中箭，僅能勉強退回營中。

賈詡反間計：讓馬超與韓遂反目

曹操見馬超軍勢強盛，決定改用謀略。他向軍師賈詡請教破敵之策，賈詡提出：

- 假意答應馬超議和，並佯裝撤軍，以穩定敵軍心理。
- 離間馬超與韓遂，讓二人互相猜忌，內部先行自亂。
- 暗中策反韓遂部將，誘使韓遂倒戈。

曹操遂派使者送信給馬超，假裝願意「割地求和」，並布置撤軍假象。馬超雖懷疑，但韓遂、楊秋等人勸說他接受議和，馬超遂動搖。曹操趁機邀請韓遂會面，並當著馬超的面，與韓遂單獨密談。馬超看到曹操與韓遂言談甚歡，開始懷疑韓遂是否有二心。

接著，曹操又假意寫信給韓遂，故意將關鍵字塗抹修改，讓馬超看到信後產生更大疑心。果然，馬超發現信件塗改之處，立即質問韓遂，雙方關係徹底決裂。

韓遂部將見大勢不妙，紛紛勸韓遂倒戈。韓遂在楊秋等人勸說下，祕密與曹操聯絡，願意投降。曹操立刻應允，封韓遂為西涼侯，楊秋為西涼太守。雙方約定以「放火為號」，內外夾擊馬超。

馬超敗走，曹操平定西涼

馬超得知韓遂叛變後，大怒，持劍直入韓遂帳中，企圖將其斬殺。韓遂左手被砍斷，僥倖逃脫。馬超逃出帳外，與龐德、馬岱等人奮戰，但曹操大軍已四面圍攻：

- 許褚從前方堵截
- 徐晃從後方夾擊
- 夏侯淵與曹洪從左右包抄

西涼軍在內部離間與外部夾擊下潰敗，馬超只能率餘兵突圍，與龐德、馬岱逃往隴西。

曹操趁勢進攻，徹底平定關中，並繼續攻打涼州，西涼軍完全瓦解。馬超逃往漢中投靠張魯，後又投奔劉備，成為蜀漢五虎上將之一。

戰役影響

- 曹操成功平定西涼，消滅馬騰勢力，削弱西北軍閥影響力。
- 馬超失去地盤，被迫輾轉投靠，後來加入劉備陣營，成為蜀漢名將。
- 賈詡「反間計」成為軍事史上的經典離間戰術，展現「兵不厭詐」的智慧。
- 西涼割據勢力瓦解，曹操得以專心南征孫權與劉備，影響後續三國局勢。

曹操用計破敵，使西涼精銳軍隊內亂崩潰，堪稱三國時代最成功的謀略戰之一。

第五章
三國爭霸與英雄末路

導言

三國時期是中國歷史上戰略智慧、軍事謀略與政治鬥爭高度發展的時代。從劉備入蜀確立蜀漢基業，到東吳、曹魏、蜀漢三方的角逐，最終司馬炎統一全國，這段歷史影響深遠，不僅改變了中國的政治格局，還對後世的軍事戰略、政治制度與文化發展產生深遠影響。

劉備入主西蜀：蜀漢基業的奠定

劉備在三國初期勢力薄弱，依賴劉表庇護，後因荊州被曹操奪取，轉而依附孫權。赤壁之戰後，劉備獲得荊州，並以此為跳板進軍益州。當時益州劉璋治政無能，劉備假借聯合抗曹之名入蜀，最終趁機奪取成都，建立蜀漢政權。這場戰役確立了三國鼎立的基本格局，使蜀漢擁有了發展的根基。

孫、曹合肥之戰：江淮爭霸與東吳的固守

合肥戰役是東吳與曹魏爭奪江淮的重要戰役。曹操派張遼鎮守合肥，以少勝多，成功擊退孫權，展現了魏國在北方的軍事優勢。同時，也促使東吳重新評估與曹魏的戰略關係，轉而與蜀漢聯手抗魏，奠定了三國長期對峙的局勢。

曹、劉爭奪漢中之戰：三國鼎立的關鍵轉折

漢中之戰是劉備與曹操為爭奪中原西部的重要戰役。劉備成功擊敗曹軍，占領漢中，自立為「漢中王」，象徵著蜀漢政權的正式確立。此戰不僅穩固了蜀漢的北部邊防，也使曹操轉向防禦策略，影響了魏國未來的軍事布局。

關羽水淹七軍：蜀魏對決，威震華夏

關羽在襄樊之戰中利用漢水氾濫，水淹曹魏七軍，俘獲名將龐德，威震華夏。然而，此戰導致關羽過於自信，未能及時鞏固後方，最終遭到東吳呂蒙偷襲荊州，被圍困而亡。這場戰役顯示了戰爭中後勤與戰略布局的重要性，也為蜀漢埋下敗亡的伏筆。

呂蒙智取荊州：東吳謀略擊潰關羽防線

關羽戰線拉長，導致荊州防禦空虛。呂蒙藉故病重，換上陸遜接掌軍務，成功麻痺關羽，並在關鍵時刻突襲荊州，導致關羽全軍潰敗。此戰顯示了情報戰與謀略運用的關鍵性，使東吳成為三國中期最穩固的政權之一。

吳蜀夷陵之戰：蜀軍敗於火攻與戰略失誤

劉備為報關羽之仇，親率大軍進攻東吳，然而由於後勤不善與輕敵，被陸遜火攻大敗，蜀軍死傷慘重。此戰導致蜀漢國力大衰，劉備退守白帝城，最終病逝，結束了蜀漢的擴張期。

徐盛火攻破曹丕：吳軍巧計擊退魏軍

曹丕繼位後，數次進攻東吳，但吳軍憑藉火攻與水戰優勢，多次擊退魏軍。這場戰爭展示了東吳在長江流域的防禦優勢，也確立了東吳在南方的穩固地位。

諸葛亮平定南方：七擒孟獲，安定南中

劉備去世後，諸葛亮執政蜀漢，為確保南方穩定，展開南征，成功七擒七縱孟獲，使南中地區歸附蜀漢。這場戰爭不僅確保了蜀漢的南部穩定，也為後來的北伐提供了後勤保障。

諸葛亮北伐中原：鞠躬盡瘁，死而後已

諸葛亮五次北伐，試圖削弱曹魏，然而由於蜀漢國力有限，加上後勤不足，未能取得決定性勝利。最終在五丈原病逝，象徵著蜀漢擴張政策的終結。

司馬懿平定遼東：戰略與嚴酷手段

魏國內部政變頻繁，司馬懿逐漸掌握實權，並成功平定遼東公孫淵的叛亂，確保了魏國的東北防線。

姜維的北伐：堅持與無奈

諸葛亮去世後，姜維繼承北伐大業，然魏國實力強盛，蜀漢國力難以支撐長期戰爭，最終無法扭轉劣勢。

司馬昭分兵伐蜀：蜀漢的終局

司馬昭趁蜀國內部動亂，派鍾會與鄧艾進攻蜀漢。鄧艾偷渡陰平，奇襲成都，劉禪無奈投降，蜀漢滅亡。

司馬炎統一全國與西晉的衰亡

司馬炎篡位建立晉朝，最終在 280 年滅東吳，統一中國。然而，由於西晉實行封建割據政策，導致「八王之亂」，國家迅速衰敗，最終北方陷入五胡亂華，影響中國數百年。

對後世的影響

1. 三國戰略思想影響深遠：三國時期的戰略思想，如聯盟外交、奇襲戰術、後勤補給、情報戰等，成為後世兵家研究的經典，影響包括孫臏兵法、宋朝岳飛的軍事策略等。

2. 官僚政治與士族制度：司馬氏統一後，推行門閥制度，使世家大族壟斷政治，形成魏晉南北朝長期士族政治格局，影響中國數百年。

3. 文化與文學發展：三國時期的戰爭與英雄故事影響後世，如《三國演義》成為中國文學經典，並影響戲曲、影視等文化領域。

4. 中央集權與封建割據的教訓：劉備與孫權的封建制度對比曹魏的中央集權，使後世朝廷在政策選擇時更傾向於強化中央權力，以避免地方勢力坐大導致國家分裂。

總結來看，三國時期的軍事戰略、政治制度、文化發展影響深遠，成為中國歷史發展的重要轉折點，也為後世提供了豐富的歷史經驗與借鑑。

劉備入主西蜀：蜀漢基業的奠定

背景：劉璋求援，劉備入蜀

建安十六年（西元 211 年），益州牧劉璋面臨北方張魯的威脅，派遣法正前往荊州，請求劉備入蜀協助防禦。同時，劉璋手下謀士張松早已對其無能感到不滿，與法正密謀將西川（今四川地區）獻給劉備，並祕密獻上益州地圖，為劉備奪取益州鋪平道路。

劉備遂率領龐統、黃忠、魏延等大將，領兵五萬入蜀，並留諸葛亮、關羽、張飛鎮守荊州。此行表面上是援助劉璋，實則已暗藏奪取西蜀之意。

初入西蜀：劉備韜光養晦

劉備入蜀後，劉璋親自迎接，並在涪城設宴款待劉備，雙方相談甚歡，結為「兄弟」。席間，龐統與法正建議趁機殺劉璋，奪取益州，但劉備認為「恩信未立，不可輕舉妄動」，選擇先安撫蜀人，以取得民心。

劉璋隨後委派劉備率軍駐守葭萌關，對抗張魯。然而，劉備進蜀後整整一年未發兵，而是積極籠絡蜀中人心，甚至與劉璋手下將領孟達、黃權等人交好。這一舉動讓劉璋的部下產生疑慮，開始質疑劉備的真正意圖。

此時，張松的陰謀被揭發，劉璋勃然大怒，斬殺張松，並與劉備斷絕關係，下令撤回所有軍糧供應，嚴防劉備。劉備得知消息後，立即斬殺劉璋派來的監軍，率軍進據涪城，正式揭開奪取益州的戰爭。

攻取雒城：劉備遭遇挫折

劉璋聞訊大驚，立即命劉循、張任、吳懿、雷銅等率軍五萬防守雒城（今四川廣漢），阻擋劉備進軍成都。劉備兵分兩路：

- 黃忠、劉備率主力進攻
- 龐統、魏延從小道包抄

然而，蜀軍名將張任在落鳳坡設下伏兵，將錯認為劉備的龐統亂箭射殺。劉備大敗，被迫退守涪城，派遣關平回荊州求援。

諸葛亮入蜀，戰局逆轉

劉備敗退後，諸葛亮親率援軍入蜀，並兵分三路：

- 張飛率軍取道漢川，進攻巴郡
- 趙雲溯江而上，直逼雒城
- 諸葛亮親自統軍策應

張飛進軍巴郡，遇到蜀中名將嚴顏頑強抵抗。張飛巧施詭計，利用誘敵之法活捉嚴顏，並以禮相待，使其感念恩義而投降，巴郡因此迅速歸降。嚴顏又說服屬下紛紛歸附劉備，張飛遂領兵直取雒城。

劉備趁勢夜襲蜀軍大寨，蜀軍敗逃，退回雒城。此時，諸葛亮制定「先擒張任，再破雒城」之計，成功圍困張任於金雁橋，最終生擒張任。張任誓死不降，劉備只得將其處斬，蜀軍士氣大減。

城內劉循、劉磐等堅守不降，張翼卻趁機殺死劉磐，開門投降，劉循逃回成都。劉備順利攻下雒城，進軍成都。

馬超降蜀，劉璋失守

劉璋無法抵擋劉備，遂派黃權向漢中張魯求援，承諾以二十州換取援軍。此時，剛投靠張魯的馬超自告奮勇，願領軍迎擊劉備。

劉備原欲與馬超一戰，但諸葛亮看準時機施展離間計：

- 重金賄賂張魯謀士楊松，誘使其在張魯面前遊說：「劉備是當今皇叔，能保張魯為漢寧王，無須派兵援助馬超。」
- 張魯受離間，派人召回馬超，但馬超三次抗命不願撤軍。
- 張魯懷疑馬超有異心，便切斷其後援與退路。

馬超頓時進退無路，劉備趁勢勸降，馬超終於歸附劉備，並為前鋒進軍成都。

馬超率軍直抵成都城下，劉璋誤以為是張魯的援軍，當得知馬超已投降劉備後，大驚失色，當場昏厥。城內群臣見大勢已去，紛紛勸劉璋投降。最終，劉璋向劉備獻上印綬，舉城投降。

劉備入主成都，奠定蜀漢基業

劉備進入成都後，厚待劉璋，封其為振威將軍，安置於荊州。至此，劉備正式成為益州之主，並自封益州牧，掌控荊州、益州兩大戰略地區。

此戰結束後，劉備勢力大增，與曹操、孫權形成三國鼎立的局面，為日後蜀漢政權的建立奠定基礎。

戰役影響

劉備完成西蜀統一，取得蜀中富饒之地

益州土地肥沃，物產豐饒，成為劉備稱帝的根基。

西涼猛將馬超歸附，蜀軍戰力提升

馬超投降，使蜀軍更具實力，日後成為「五虎上將」之一。

諸葛亮初次展現軍事與政治智慧

透過外交、離間、計謀，成功化解馬超危機，展現卓越謀略。

奠定三國鼎立的格局

劉備占據荊州、益州，孫權掌控江東，曹操據守北方，三方勢力確立。

劉備入蜀不僅是一次軍事行動，更是一場巧妙的政治賽局，最終助劉備實現割據一方的霸業，與曹操、孫權三分天下，正式開啟三國時代的格局。

孫、曹合肥之戰：江淮爭霸與東吳的固守

背景：曹操南征，孫權迎戰

建安十七年（西元 212 年）冬十月，曹操決心進軍江南，意圖削弱孫權勢力。大軍來到濡須口（今安徽無為），派曹洪率三千兵馬進行偵察，自己則率主力前進，並在濡須口排開軍陣。

孫權則先發制人，親自率軍突襲曹營。他派遣韓當、周泰等大將騎馬直衝曹操本陣，曹操大驚，急忙撤退，所幸有許褚力戰抵擋吳軍，曹操才得以脫身。當夜，東吳軍再度夜襲曹軍大營，殺敵無數，迫使曹軍後撤五十餘里駐紮。

雙方在濡須口對峙一個多月，互有勝負，最終孫權與曹操互相致書，各自退兵，戰事暫告一段落。

曹操奪取漢中，吳蜀聯手出擊

建安二十年（西元 215 年），曹操北征漢中，與劉備爭奪川中地盤，這讓荊州成為東吳與蜀漢競爭的焦點。諸葛亮與劉備決定暫時歸還江夏、長沙、桂陽三郡給孫權，以換取東吳對曹操的牽制。孫權與劉備的利益一致，於是計劃趁曹軍主力駐紮漢中之際，攻打合肥，以擴張自己的勢力範圍。

孫權接受呂蒙的建議，決定先攻宛城，再取合肥。他率十

萬大軍渡江，首先進攻宛城（今安徽合肥南部）。宛城守將朱光固守不出，並向合肥求救。但吳軍趁鋒銳之勢猛烈攻城，東吳猛將甘寧手執鐵鏈，冒箭矢登城，一擊打倒朱光。吳軍趁勢攻入，朱光戰死，宛城失守。

合肥之戰：張遼破吳軍

孫權奪下宛城後，直逼合肥。曹操當年離開時，曾留下軍令：「若孫權來攻，張遼、李典出戰，樂進守城。」孫權大軍一到，張遼打開曹操留下的軍令，立刻按計行動。

然而，面對孫權十萬大軍，曹軍將領李典、樂進擔憂兵力不足，建議固守不戰。張遼則決心迎戰，他慨然道：「公等皆存私意，不顧公事。我今自出迎敵，決一死戰！」李典聞言，感其義氣，決定與張遼並肩作戰。

張遼制定計策：

- 李典率軍埋伏於逍遙津北，待吳軍過橋後破壞橋梁，截斷退路。
- 樂進佯敗，引誘吳軍深入。
- 張遼突襲孫權本陣。

孫權中計，險些喪命

孫權先派呂蒙、甘寧率軍攻擊合肥，雙方激戰，樂進佯裝不敵而撤退。孫權誤以為曹軍已潰，親自督軍前進，然而張遼、李典卻突然從左右殺出，將孫權大軍斬為兩段。

孫權見大勢不妙，急忙撤退，當他策馬逃往小師橋（今合肥北），卻發現橋樑已被拆斷，頓時手足無措。就在此危急之際，親衛谷利高喊：「主公快退後，再策馬跳橋！」孫權果斷拉馬後退三丈，奮力一躍，成功跳過缺口，驚險逃生。

而此時，東吳援軍徐盛、董襲駕舟趕來接應，孫權終於安全脫險。然而，吳軍損失慘重，凌統率領的三百護衛幾乎全軍覆沒。這場戰役後，張遼威名大震，甚至「江南小兒夜啼止哭」，家長只要說「張遼來了」，小孩便不敢吵鬧。

曹操援軍趕到，吳軍撤退

合肥之戰後，孫權雖然戰敗，但並未死心。他率軍撤回濡須口，準備再戰，同時派人回江南增兵。然而，張遼深知合肥兵力有限，難以長期固守，遂派人火速向曹操求援。

曹操得知孫權未撤，立即從漢中調回大軍，並命令夏侯淵、張郃駐守漢中，自己率大軍親征合肥。

孫權得知曹操大軍將至，遂召集謀士商議對策。張昭提出：

「曹操遠來，必須先挫其銳氣。」孫權便派凌統率三千人哨探曹軍，遇上張遼，雙方激戰五十回合，平分秋色。隨後呂蒙出戰救援凌統，雙方暫時休戰。

甘寧夜襲曹營

此時，東吳猛將甘寧主動請纓，提出帶百人奇襲曹營，若無損失一人一馬，便不計功勞。孫權欣然同意，賞賜酒肉鼓勵士兵。當夜二更，甘寧率百騎偷襲曹營，一舉殺入敵陣，砍殺數十人。曹軍大亂，不知敵軍多少，自相驚擾。甘寧見狀，迅速撤退，全軍毫髮無損地回到濡須，這一戰令曹軍膽寒。

水陸大戰，陸遜救援

隔日，曹操發動五路大軍圍攻濡須口。東吳名將徐盛率軍登上樓船，奮勇迎敵，成功擊退曹軍先鋒李典。曹操見戰況膠著，便親自趕赴江邊督戰，雙方開始對射。

戰至關鍵時刻，吳軍陸遜率十萬援軍趕到，一輪箭雨將曹軍壓回岸邊。隨後，吳軍大舉反攻，曹操見勢不妙，決定撤退。

戰後影響

張遼揚名天下

張遼在合肥之戰以寡敵眾，幾乎擊殺孫權，成為曹魏名將之一。其「江南小兒不敢夜啼」的傳說，更是流傳千古。

孫權的戰略調整

孫權經此大敗，意識到無法輕易攻破合肥，轉而改變策略，與曹操議和，專注於經營江東。

曹操放棄南進

由於吳軍實力仍在，曹操決定停止南征，轉而對抗蜀漢，為三國鼎立局面奠定基礎。

最終，雙方在濡須口相持月餘後，決定互派使者和談，暫時休兵。孫權班師回秣陵，曹操則留曹仁、張遼鎮守合肥，自己回到許昌。此戰雖然未能改變三國格局，但確立了曹魏與東吳在江淮地區的勢力範圍，為未來的對峙奠定了基礎。

曹、劉爭奪漢中之戰：三國鼎立的關鍵轉折

曹操奪取漢中，進逼西蜀

西元 215 年，曹操為削弱劉備的勢力並威脅西川，親率大軍進攻漢中，當時的漢中由張魯統治。張魯自知難以抵擋曹軍，原想投降，但其弟張衛主張固守，於是派遣楊昂、楊任及張衛率軍一萬駐守陽平關。陽平關地勢險要，易守難攻。

曹操用計攻破陽平關，楊昂戰死，張衛與楊任逃回南鄭。

曹軍順勢進攻南鄭，張魯派龐德迎戰。曹操了解龐德的勇猛，於是設計讓他與張郃、夏侯淵、徐晃、許褚四將輪戰，讓他筋疲力盡，並用反間計策降龐德。最終，張魯無力抵抗，選擇投降。

曹操奪取漢中後，司馬懿建議趁勢進攻西蜀，但曹操卻說：「人若不知足，既得隴，復望蜀耶？」（剛拿下隴西，又想要蜀地，這樣貪心不行）。此時孫權進攻合肥，曹操決定放棄進軍西川，轉而回防東南，並留下夏侯淵鎮守定軍山，張郃守蒙頭巖等隘口。

劉備進軍漢中，決戰夏侯淵

西元 218 年，劉備決定奪取漢中，親率大軍進攻，並留諸葛亮守成都，負責軍需補給。

初戰陽平關，劉備避實擊虛

劉備率軍圍攻陽平關，但因曹軍防守嚴密，久攻不下。為此，劉備採取迂迴戰術，避開陽平關，南渡漢水，沿山地東進，成功占領定軍山。定軍山是通往漢中的要道，劉備此舉大大威脅曹軍側翼，迫使夏侯淵調兵來爭奪定軍山。

定軍山之戰：黃忠斬夏侯淵

劉備派法正輔助黃忠，讓黃忠占據定軍山西側的高地，法正則駐守更高的山頂，用紅、白旗指揮戰局。夏侯淵率軍試圖包圍黃忠，但法正觀察到曹軍在午時後疲憊鬆懈，於是舉紅旗示意出擊。

黃忠率軍衝殺下山，曹軍措手不及，夏侯淵當場被黃忠一刀斬殺，曹軍潰敗。張郃帶兵來救援，卻遭遇黃忠、陳式夾擊，又被趙雲伏擊，最終敗走至漢水紮營，並急報曹操。

曹操親征漢中，與劉備決戰

曹操聞訊大怒，親率二十萬大軍進兵漢中，並將軍隊分為十個營地駐紮於漢水北岸，同時命令張郃在米倉山搬運糧草，以供應大軍。

趙雲、黃忠奇襲曹軍糧道

諸葛亮認為曹軍糧草線過長，建議劉備派兵劫糧。劉備派黃忠、趙雲偷襲北山糧倉，黃忠親率部隊突襲，成功焚燒曹軍糧草。曹操得知後，派張郃、徐晃圍攻黃忠，趙雲則帶兵來救援，於亂軍中左衝右突，救出黃忠，安全撤回本陣。曹操親自趕來，但趙雲在寨前設伏，一舉擊潰曹軍，讓曹操不得不暫時退守南鄭。

漢水大戰：劉備運用疑兵之計

曹操為奪回漢水，派徐晃、王平領兵前來決戰，並讓徐晃率軍渡河，但王平提醒：「若臨時撤退，則無法渡回，將成死地。」徐晃不聽，強行渡河。

黃忠、趙雲聯手擊潰曹軍

趙雲與黃忠採取拖延戰術，不與曹軍正面交戰，直到日暮時分，趁著曹軍疲憊時發起突襲，徐晃大敗，軍士死傷無數，狼狽逃回本陣。

諸葛亮施展疑兵計

諸葛亮命令趙雲率五百人埋伏在漢水上游，於夜間放號炮，擂鼓製造混亂。連續三夜，曹軍都被驚擾，睡眠不足，士氣低落。曹操果然中計，選擇退兵三十里，重新紮營。

劉備示弱，引誘曹操入伏

諸葛亮又設計讓劉備故意敗退，放棄軍營，並丟下大量武器糧食，引誘曹軍搶奪。曹操果然下令全軍追擊，沒想到卻中了劉備的包圍戰術——諸葛亮舉旗發號施令，劉備中軍、黃忠、趙雲從三方夾擊曹軍，導致曹軍再度慘敗，退回南鄭。

曹操撤退，劉備攻占漢中

劉備命張飛、魏延先行進攻南鄭，成功奪取城池。曹操驚慌，打算撤退，但蜀軍早已堵住各個要道。

張飛伏擊許褚，奪取糧草

曹操派許褚率軍護送糧草，許褚因飲酒過量，醉酒行軍時遭張飛伏擊，受傷逃走，糧草被劉備軍隊奪取。

曹操棄陽平關，狼狽撤退

曹操再度出戰，卻遭劉備設伏，戰局不利。見情勢危急，曹操決定棄守陽平關，狼狽撤回斜谷口。途中又遭遇馬超、魏延伏擊，撤退途中曹操被魏延射中人中，折斷兩顆門牙。經此一戰，曹操終於下定決心全面撤退。

劉備奪取漢中，稱王

漢中之戰結束後，劉備正式掌控漢中，並派劉封、孟達攻占上庸、房陵等地，鞏固防線。西元219年，劉備於漢中稱王，正式形成三國鼎立的格局。

戰後影響

劉備奠定蜀漢基業

劉備成功奪取漢中，使蜀漢政權得以立足，並正式與魏、吳形成三足鼎立。

曹操失去漢中，放棄南進

曹操撤回許昌後，不再大舉南征，將戰略重心轉向內部治理與東線的孫權。

諸葛亮顯示軍事才能

在此戰中，諸葛亮的疑兵計、聲東擊西、火攻劫糧等戰術成功擊敗曹軍，確立了他在蜀漢的軍事地位。

漢中之戰，最終奠定了三國鼎立的局面，成為歷史關鍵戰役之一。

關羽水淹七軍：蜀魏對決，威震華夏

關羽伐魏，進攻襄樊

西元 219 年，劉備稱漢中王後，諸葛亮為了防止曹操聯合孫權進攻荊州，建議劉備令關羽率軍攻打襄陽、樊城，以分散曹軍的戰略布局。關羽領命，派廖化為先鋒，關平為副將，馬良、伊籍為參謀，率大軍北進。

曹仁在部將的鼓動下，率軍迎戰關羽。關羽命廖化、關平執行誘敵之計，先故意敗退，使曹軍連勝數日後放鬆警惕。當曹軍再次追擊時，突然遭到伏擊，關羽親自出馬，斬殺曹軍將領夏侯存、翟元，迫使曹仁退守樊城。

關羽成功占領襄陽後，立即加強荊州沿江防禦，以防東吳趁機襲擊，同時準備船隻渡襄江，圍攻樊城。曹仁得知關羽即將來攻，緊急召集部將商議。謀士滿寵認為應堅守不戰，而部將呂常主張趁關羽半渡之時出擊。曹仁同意呂常的計策，但呂常出城迎戰時，部下見關羽威風凜凜，不戰先逃，曹軍大敗，呂常僅率少數殘兵逃回城內。曹仁無奈，只得向曹操求援。

曹操派遣援軍，于禁、龐德迎戰

曹操得知關羽勢如破竹，立即派于禁為征南將軍，龐德為先鋒，率七軍增援樊城。龐德對抗關羽，抱著必死決心，特意讓人抬著棺材出征，誓言與關羽決戰到底。

初戰，龐德與關羽激戰百餘回合，不分勝負。次日再戰，龐德見關羽久戰不下，便假裝敗退，引關羽追擊，然後突然回身放箭，射中關羽左臂。關羽雖然受傷，但仍堅持督戰，龐德則連日挑戰，不給關羽休息的機會。

于禁見龐德連戰不勝，決定改變戰略，率七軍轉移至樊城北十里外的罾口川駐紮，以求更好的防禦位置。然而，關羽已察覺到戰略機會。

水淹七軍，關羽威震華夏

正值八月秋季，大雨連綿，襄江水位迅速上升。關羽見機行事，祕密堰住各處水口，計劃利用水勢殲滅曹軍。他告訴關平：「于禁七軍屯於低窪之地，若我放水淹之，定可全殲敵軍！」

當夜，風雨大作，關羽下令開閘放水。驟然間，襄江洪水暴漲，淹沒罾口川，曹軍大亂。于禁帶領殘兵敗將登上小山避水，但天明後被關羽大軍包圍，最終投降。至於龐德，他仍然拒不屈服，奮勇作戰，即便身邊戰士紛紛投降，他仍然堅持抗敵。

當關羽率大軍包圍龐德時，龐德仍然奮戰，甚至砍殺勸降的部下董衡、董超，誓死不降。最終，他試圖乘小船逃回樊城，卻被周倉率船隊撞翻，活捉歸營。關羽勸龐德投降，但龐德怒罵不止，關羽無奈，只能將其處斬，並以禮厚葬。

這一戰，關羽擊潰于禁七軍，俘獲于禁，斬殺龐德，震動曹營。關羽的聲勢達到巔峰，被譽為「威震華夏」，甚至連曹操都一度考慮遷都以避其鋒芒。

曹操與孫權合謀，關羽腹背受敵

關羽的強勢崛起，使曹操深感威脅。司馬懿、蔣濟等建議曹操聯合孫權，從背後襲擊荊州，曹操遂派使者前往東吳，促成聯軍計畫。

孫權本來就對關羽占據荊州不滿，早已暗中計劃襲擊荊州。當孫權收到曹操的提議後，立即派呂蒙暗中準備襲擊江陵、公安。曹操同時派徐晃率兵增援樊城，以解曹仁之圍。

然而，曹操的謀臣董昭建議：「應該將東吳的計畫洩露給關羽，讓他知難而退，這樣我們就能坐收漁利。」曹操接受了這個計策，於是寫下情報，射入關羽軍中。

關羽得知孫權可能背刺，但遲疑不決，未能及時調回荊州主力。等到他確認消息為真時，呂蒙已經襲取江陵，截斷了關羽的退路。

關羽戰敗，敗走麥城

當東吳襲擊荊州時，關羽被困於樊城，腹背受敵。他決定突圍撤退，率領關平、周倉等數千人退往麥城。然而，當他試圖向西川撤退時，遭到孫權軍隊的埋伏，無法順利撤離。

關羽與關平數次試圖突圍，但最終仍然落入東吳的包圍圈。在形勢無望的情況下，關羽與關平被俘，周倉自刎殉主。孫權本想勸降關羽，但關羽堅決不屈，最終被孫權處死，首級送往曹操處。

戰後影響

關羽戰敗，荊州失守

關羽戰敗身亡後，荊州完全落入孫權手中，這也導致蜀漢喪失東方屏障，無法再與東吳抗衡。

孫權與曹操的關係轉變

孫權擊敗關羽後，雖然暫時與曹操聯合，但很快又與曹操反目，最終選擇稱帝，建立東吳政權。

三國格局確立，劉備報仇

劉備得知關羽戰死後，怒不可遏，發動夷陵之戰，意圖為關羽復仇，但最終大敗，進一步削弱了蜀漢的實力。

關羽的「水淹七軍」雖然一度威震華夏，但最終因腹背受敵而敗亡，成為三國歷史上一場驚心動魄的戰役，也為日後蜀吳決裂、三國格局定型埋下伏筆。

呂蒙智取荊州：東吳謀略擊潰關羽防線

荊州爭奪戰的背景

荊州原本由荊州牧劉表管轄，但在曹操南征時，劉表病逝，其次子劉琮投降曹操，使得荊襄九郡落入曹操之手。然而，在赤壁之戰後，曹操大敗，周瑜與諸葛亮率軍進攻南郡，雙方爭奪不休，最終由趙雲奇襲成功奪取，使南郡歸屬劉備。

劉備進一步進軍江南，占領四郡，並在曹操進攻合肥之際，乘機公開表奏孫權為車騎將軍，自己則領荊州牧，意圖明確地掌控荊州。孫權儘管暫時容忍，但始終覬覦荊州，數次派人向劉備討還南郡，均未成功。當劉備攻取西川後，孫權進一步施壓，雙方最終協議以湘水為界，平分荊州，暫時化解矛盾。

關羽在襄樊之戰中擊潰曹軍，威震華夏。然而，他也擔心孫權趁機襲擊荊州，於是派隨軍司馬王甫回荊州加強防務，並在沿江設立烽火臺，以確保軍事預警。但在防務部署上，關羽錯誤任用潘濬為荊州總督，而王甫建議的趙累未獲任用，這成為了關羽的一大失策。

呂蒙與陸遜的妙計

孫權派呂蒙駐守陸口，暗中策劃奪取荊州。然而，關羽在沿江加強了防務，烽火臺密布，使得呂蒙難以發動突襲。呂蒙苦思無計，於是假裝生病，向孫權請辭，孫權則改任陸遜接替他的職位。

陸遜上任後，立即展開一場心理戰。他派人攜帶名馬、異錦、厚禮前往樊城，向關羽示好，並寫信表現出極端謙卑、恭敬的語氣。關羽收到信後，輕視陸遜，當眾嘲諷：「孫權見識短淺，居然用這樣的年輕人為將！」並且大笑不已，認為陸遜不足為懼，於是調派荊州大部分兵力北上襄樊，企圖徹底擊潰曹軍。陸遜見關羽中計，立刻派人星夜通報孫權，準備發動襲擊。

呂蒙襲取荊州

孫權見關羽主力北調，立即讓呂蒙祕密率領三萬精兵，準備襲擊荊州。呂蒙使用詭計，派部隊偽裝成商人，所有人穿白衣，手持船槳，並在船上載滿貨物，偽裝成普通商船，暗中則藏有精銳士兵。

當這些商船駛近荊州沿岸的烽火臺時，守軍詢問來歷，呂蒙的士兵便回答：「江中風浪太大，我們暫時靠岸避風。」並且給烽火臺上的士兵送去財物與禮品。守軍因此放鬆警惕，未發信號。當夜二更時分，呂蒙下令行動，精銳士兵從船中突然殺出，迅速攻占所有烽火臺，俘虜所有守軍，並威脅他們配合行動。

呂蒙隨後長驅直入荊州城下，並利用俘虜來誘騙城內守軍開門。當守軍看到熟悉的同袍前來，沒有懷疑，打開城門，結果立即遭到呂蒙軍隊的突襲。隨著烽火信號的發出，東吳大軍迅速湧入荊州，城內兵力空虛，守軍毫無招架之力，荊州遂被輕易奪取。

荊州守將糜芳、傅士仁早就因懼怕關羽責罵而心生異心，此時見大勢已去，便向東吳投降，進一步加速了東吳的進軍。呂蒙不僅迅速控制了荊州，還展現高超的治軍手段。他嚴格約束軍隊紀律，禁止掠奪百姓財物，甚至有士兵僅僅拿了一頂斗笠，就被斬首示眾，以此威懾軍隊。同時，他優待荊州軍士家屬，贈送財物，溫言慰問，成功瓦解了荊州的軍心，使許多關羽麾下的士兵主動投降。

關羽潰敗，荊州易手

關羽在襄樊之戰後期因曹軍增援而陷入困境，當他得知荊州已被奪時，才驚覺大勢不妙。他試圖撤軍回防，但大部分士兵因家屬受東吳安撫而離隊逃亡，軍心渙散。

關羽帶領關平、周倉等殘部南逃，但遭到潘璋部將馬忠設伏攔截，最終在臨沮（今湖北安遠西北）被俘。周倉寧死不降，自刎殉主，關平亦被擒獲。關羽本想與孫權談判，但孫權擔憂留下關羽會招致劉備的強烈報復，最終將關羽斬首，並送其首級至曹操處。

戰後影響

荊州正式歸屬東吳

這場戰役後，荊州成為東吳的一部分，這象徵著孫權在南方的領土得到了鞏固，使得東吳能夠繼續抗衡蜀漢與曹魏。

關羽之死，劉備大怒

劉備得知關羽被殺後，憤怒至極，決心發動夷陵之戰，親自率軍討伐孫權。然而，因為錯誤的戰略選擇，最終大敗於陸遜，這場戰役也導致蜀漢國力大損，無法再與東吳抗衡。

東吳與曹魏的短暫合作破裂

雖然孫權與曹操聯手奪取荊州，但不久後孫權選擇與曹魏決裂，並於西元 229 年正式稱帝，確立三國鼎立的格局。

呂蒙以詭計奪取荊州，消滅關羽主力，不僅展現了他的軍事智慧，也徹底改變了三國局勢。這場戰役，奠定了東吳與蜀漢的長期對立，成為三國歷史上的重要轉折點。

吳蜀夷陵之戰：蜀軍敗於火攻與戰略失誤

戰爭背景

西元221年，劉備在成都稱帝，建立蜀漢，改年號為章武。然而，因為孫權襲取荊州，殺害關羽，劉備憤怒至極，決定親率大軍伐吳，意圖為關羽報仇，奪回荊州。

當劉備準備伐吳時，張飛也準備參戰，但因催促軍中三日內製備白旗白甲，以「掛孝伐吳」，不慎惹怒部將范疆、張達。兩人擔心完不成任務遭處死，於是趁張飛熟睡時將其暗殺，並投奔東吳。劉備聞訊後，悲痛萬分，決意進攻東吳，為關羽與張飛復仇。

劉備大軍浩蕩出征，由吳班為先鋒，關羽之子關興與張飛之子張苞負責護駕，水陸並進，兵勢浩大，出川直指東吳。

孫權應對與諸葛瑾出使

孫權得知劉備伐吳，急召群臣商議對策。諸葛瑾提議前往西川與劉備會談，試圖說服劉備放棄戰爭，並提出「歸還荊州、送回孫夫人、綁縛降將」等條件，以換取和平。然而，劉備怒氣未消，拒絕和談，並繼續進軍東吳。

孫權見無法勸阻，便令孫桓與朱然率兵五萬迎擊蜀軍，準備決戰。

蜀軍初戰大勝

劉備軍隊沿途勢如破竹，吳班領軍所到之處皆望風而降，直到進攻宜都（今湖北宜昌一帶）。孫桓在宜都界口率領兩萬五千兵試圖阻擋蜀軍，但在與關興、張苞的交戰中大敗，吳軍將領李異、謝旌被斬，孫桓被圍困於夷陵，派人向孫權求救。

孫權急召群臣商議，決定派遣韓當、周泰、潘璋、凌統、甘寧等人領兵十萬抗蜀。然而，蜀軍士氣高昂，在初期戰役中不斷擊敗吳軍，先後擊殺吳將崔禹、史蹟，甚至圍攻夷陵城，讓東吳軍陷入危機。

戰爭期間，年邁的黃忠為證明自己尚有餘勇，親自出戰潘璋，並斬殺潘璋部將史蹟，還一度擊敗潘璋。然而，黃忠在一次追擊中中了伏兵，被流矢射中肩窩，終因傷重不治，劉備聞訊後痛哭不已。

此時，蜀軍士氣達到巔峰，成功奪取夷陵，江南一帶人心惶惶，孫權也開始考慮求和。

孫權求和與劉備拒絕

在蜀軍攻勢強盛時，孫權試圖透過外交手段化解危機，提出交還荊州、送回孫夫人、上表求和，並將張飛的殺害者范疆、張達處死，希望能夠化解劉備的怒火。然而，劉備拒絕，堅持「先滅東吳，再討曹魏」，並親自監斬范疆、張達，以祭張飛之靈。

這一決策使得孫權無法退讓，只能全力備戰。

孫權重用陸遜

孫權在戰爭初期屢遭敗北，吳軍損失慘重，因此決定改變戰略，並在謀士闞澤的推薦下，啟用陸遜為大都督，統領全軍應戰。然而，許多吳國將領不服陸遜的年輕與書生身分，但孫權仍然將軍權交予陸遜，甚至賜劍讓其「先斬後奏」，強行樹立軍威。

陸遜接管軍隊後，發現吳軍之前戰敗的原因在於急於應戰，於是改變戰術，命令所有將領固守關隘，不與劉備正面交戰。這一策略讓劉備大感不解，認為吳軍懦弱不敢迎戰，開始焦躁不安。

馬良察覺到陸遜意圖拖延戰局，待蜀軍士氣下降後再伺機反擊，便勸諫劉備謹慎行軍。然而，劉備未聽從勸告，並且錯誤地將蜀軍營地設置於山林茂密之處，以為可以防禦吳軍襲擊，卻犯了兵家大忌。

陸遜火攻大破蜀軍

陸遜見機不可失，決定發動火攻。他命朱然率水軍運送茅草，韓當、周泰、丁奉等人各執茅草與火種，待夜晚襲擊蜀營。

當夜初更，東南風起，陸遜下令全軍同時縱火，頓時蜀軍四十餘座營寨連環燃燒，山林間烈焰沖天。火勢迅速蔓延，蜀軍大亂，自相踐踏，無數士兵被活活燒死或慌亂中墜崖喪命。

劉備見大勢已去，急忙撤退，卻遭到吳軍多路截擊，陸遜、朱然、徐盛、丁奉等人紛紛率軍追殺。幸好關興、張苞及時趕到，護送劉備突圍。就在最危急時，趙雲率軍殺到，一槍刺死吳將朱然，救出劉備，才讓劉備得以撤退至白帝城，保住性命。

此時，蜀軍僅剩百餘人潰逃入白帝城，劉備狼狽不堪。夷陵之戰以東吳大獲全勝告終。

戰爭影響

蜀漢國力大損

劉備在夷陵之戰中折損十餘萬大軍，精銳將領黃忠戰死，張苞、關興、趙雲等人也在戰後不久病亡或負傷，導致蜀漢軍力嚴重衰弱，從此無力再對東吳發動大規模戰爭。

劉備病逝白帝城

劉備在白帝城中因戰敗受挫，加上多年操勞，健康每況愈下，最終於西元 223 年病逝，臨終前將政權託付給諸葛亮，並囑咐他輔佐劉禪，這便是歷史上著名的「白帝城托孤」。

東吳地位穩固

夷陵之戰後，東吳的國力得以保全，並進一步加強對荊州的控制，成功維持三國鼎立局勢。

魏國趁機南進

魏文帝曹丕見劉備敗退，隨即發動對蜀漢與東吳的軍事行動，然而孫權及諸葛亮皆成功守住疆土，最終維持三國鼎立。

夷陵之戰成為三國時代關鍵轉折點，象徵著蜀漢的衰敗與東吳的崛起，也讓劉備的復仇計畫徹底破滅。

徐盛火攻破曹丕：吳軍巧計擊退魏軍

背景：魏吳交惡，曹丕決定親征

西元 223 年，劉備病逝於白帝城，劉禪即位為蜀漢皇帝。諸葛亮積極推動吳、蜀聯盟，派遣鄧芝出使東吳，勸說孫權與魏決裂，共同對抗強大的曹魏。孫權本來對魏國態度曖昧，但在鄧芝說服下，決定與蜀聯合，斷絕與魏的往來。

曹魏得知消息後，魏文帝曹丕大怒，認為吳、蜀聯盟將危及魏國的統治，於是決定親自發動大規模戰爭，率軍南征東吳，希望能一舉吞併江南。

司馬懿向曹丕獻策：「應利用戰船，由蔡水、潁水進入淮河，取壽春，進攻廣陵，然後由江口進入南徐（今南京一帶），最終徹底占領東吳。」曹丕聽從建議，開始積極準備戰爭。

魏軍大舉進攻

曹魏於黃初五年（224 年）秋八月正式發動對東吳的戰爭，兵力高達三十萬，其中包括：

- 曹真為前鋒
- 張遼、張郃、徐晃、文聘等魏國名將隨行
- 許褚、呂虔為中軍護衛
- 曹休負責殿後

魏軍戰船三千艘，其中曹丕御用的龍舟長達二十餘丈，極為壯觀，氣勢驚人。這支龐大軍隊沿淮河南下，直指東吳。

東吳戰略部署

東吳得知曹丕親征，孫權召開緊急軍事會議。此時，吳軍主力由陸遜鎮守荊州，難以輕易調動，因此徐盛主動請纓，負

責防守建業與南徐，迎戰魏軍。

孫權立即封徐盛為安東將軍，賦予其最高指揮權，命他負責策劃防禦。

此時，揚威將軍孫韶主張率軍三千渡江迎戰，欲在淮南與魏軍正面對決。然而，徐盛不同意，認為：「曹丕兵多將廣，不宜主動進攻，我已有計策對付魏軍。」孫韶卻不聽勸，執意出戰。

徐盛大怒：「軍中不得違抗軍令！」並下令將孫韶斬首。孫權聽聞後，急忙趕來營救，並對徐盛說：「孫韶雖然違令，但殺之會違背我兄長孫策的託付，請將軍網開一面。」徐盛才勉強赦免孫韶，但仍嚴令他不得擅自行動。

然而，當夜孫韶暗中率三千兵潛渡長江，擅自攻擊魏軍。徐盛擔心孫韶行動失敗，影響大局，於是密派丁奉率三千兵暗中接應。

徐盛巧設疑兵，嚇退曹丕

魏軍前鋒曹真率軍抵達廣陵（今江蘇揚州），發現江岸竟然空無一人，毫無軍隊駐守的跡象。曹真認為這可能是東吳的詭計，於是立即向曹丕報告，並建議觀察數日後再決定是否渡江。

曹丕親自乘坐龍舟巡視江岸，果然發現吳軍毫無動靜，連燈火都不見一點，心生疑惑。然而，第二日清晨，大霧散去後，江南竟出現壯觀無比的防禦工事，令魏軍驚駭不已！

這是徐盛的計策：

- 一夜之間，徐盛命令士兵在沿江建造假城牆與疑樓，並利用蘆葦紮成假人，披上盔甲，手持刀槍旌旗，站立於城牆上。
- 這些假軍隊從南徐（今南京）到石頭城（今南京城區）綿延百餘里，宛如一座龐大的軍事要塞。
- 城樓上刀光閃爍，旌旗飄揚，魏軍遠望，竟誤以為東吳早已嚴陣以待，集結了無數精銳軍隊。

曹丕大驚：「江南軍力如此強盛，無法輕易取勝！」

就在此時，蜀軍趙雲也開始在陽平關發動攻勢，擺出進攻長安的姿態，讓曹丕更加恐懼。

此時，魏軍內外受敵，陷入恐慌。曹丕最終決定撤退，並傳令：「全軍放棄御用器物，迅速撤回北方！」

徐盛與丁奉聯手火攻

魏軍開始撤退時，正準備將龍舟駛入淮河，孫韶率軍突然襲擊，魏軍頓時混亂，被斬殺無數。

曹丕急忙指揮軍隊後撤，但行軍三十里後，來到一片蘆葦叢生的水域，此時東吳伏兵已經悄悄埋伏在此！

- 徐盛早已預先命令丁奉在蘆葦叢內灑滿魚油，並埋設火藥

- 當魏軍龍舟進入伏擊區時，吳軍放火引爆蘆葦，火焰隨風迅速蔓延，瞬間將整個水域變成火海！
- 濃煙滾滾，烈焰沖天，魏軍大亂，無數戰船被焚毀，士兵們驚慌跳水，死傷慘重。

曹丕驚恐萬分，倉皇逃走，此時丁奉率軍襲擊魏軍，成功重創敵軍。魏國名將張遼在戰鬥中被丁奉射中腰部，最後由徐晃拼死相救，保住性命，但仍舊傷勢嚴重，最終回到許昌後傷重而亡。

結局與影響

魏軍大敗，曹丕顏面盡失

曹丕這次南征草率用兵，戰略失誤，不但未能攻下東吳，反而遭遇火攻與伏擊，兵力損失慘重，使得魏國不敢再輕易發動對東吳的戰爭。

東吳地位穩固，徐盛威名遠播

此戰過後，徐盛成為東吳的重要名將，他的假城疑兵之計與丁奉的火攻策略，成為後世軍事奇謀的經典戰例。

吳蜀聯盟穩固，三國鼎立更趨穩定

曹丕的失敗促使吳蜀關係更加緊密，東吳與蜀漢結盟，聯合對抗曹魏，三國鼎立局勢進一步穩定。

此戰不僅確保了東吳的存續，也讓曹魏無法輕易進犯，成為三國後期的重要轉折點！

諸葛亮平定南方：七擒孟獲，安定南中

背景：南中的叛亂與威脅

西元 223 年，劉備去世後，劉禪繼位，諸葛亮掌握蜀漢朝政。他為了穩固後方、準備北伐，需要先解決南中地區的叛亂。

當時南中四郡（牂牁、建寧、越巂、益州）的蠻族勢力受東吳煽動，發動叛亂。雍闓、高定、朱褒等地方勢力聯合當地蠻族首領孟獲，共同起兵反蜀。他們不僅騷擾邊境，還切斷了蜀漢對南方的控制，成為諸葛亮施政的一大隱憂。

為了穩定南方，諸葛亮決定親自率軍征討南中。但他深知，這場戰爭不能單靠武力，必須「攻心為上」，以懷柔策略收服南中各部族，使其長久歸順。

諸葛亮進軍南中，策反地方勢力

西元 225 年春，諸葛亮率大軍南征，與此同時，他利用外交手段與東吳修好，切斷南中叛軍的外援，確保不會有外部勢力支援南中叛軍。

諸葛亮進軍南中後，叛軍分三路迎戰：

- 高定率軍駐守建寧
- 雍闓固守牂牁
- 朱褒據守越嶲

諸葛亮派兵圍攻高定，並用計生擒其部將鄂煥，然後禮待鄂煥，讓他勸降高定。最終，高定背叛盟友，襲殺雍闓與朱褒，南中三郡平定。

為了穩定局勢，諸葛亮命高定為益州太守，讓他管理原本叛亂的南中三郡，先以當地勢力制衡當地局勢，減少蜀軍駐紮壓力。

七擒孟獲：智勇並施，收服南蠻

雖然三郡平定，但蠻族首領孟獲仍在作亂，並集結大量蠻兵準備決戰。

諸葛亮不想只靠武力鎮壓，而是決定「七擒七縱」，用懷柔策略讓孟獲心悅誠服。

第一次擒孟獲

孟獲派三洞元帥（金環三結、董荼那、阿會喃）領兵迎戰，趙雲與魏延奇襲敵軍大寨，生擒金環三結，導致蠻兵潰散。諸葛亮又智擒董荼那、阿會喃，卻不殺反而好言相待，釋放所有俘虜，讓他們對蜀軍產生敬畏之心。

隨後，孟獲親率大軍迎戰，但卻中了諸葛亮的埋伏，被趙雲、魏延等將領前後夾擊，生擒。

諸葛亮問孟獲：「你服了嗎？」

孟獲卻說：「只是地形不利，並非你們厲害！」

諸葛亮大笑，將孟獲再次放走，讓他整軍再戰。

第二至六次擒孟獲

孟獲召集殘兵，聯合他的弟弟孟優設計假投降，企圖裡應外合擒獲諸葛亮。然而，諸葛亮早已洞察其計謀，不僅將孟優灌醉，還趁機反制孟獲，再度生擒。

孟獲仍然嘴硬，認為自己「誤中詭計」，於是諸葛亮連續六次放走孟獲，讓他不斷集結兵力、重新迎戰，然後再度擊敗他。

每一次擒住孟獲，諸葛亮都不殺他，還禮待他，釋放他，使孟獲的部族對諸葛亮越來越敬佩。

第七次擒孟獲：南中歸心

孟獲最後一次聯合各地蠻族，請來烏戈國主兀突骨支援。兀突骨的「藤甲兵」穿著特殊的藤甲，不怕水、不受刀劍傷害，十分強悍。

諸葛亮明知藤甲兵難以正面擊敗，於是布局火攻，將藤甲兵引入盤蛇谷，然後放火焚燒。這些藤甲兵雖然刀槍不入，但藤甲易燃，最終被火攻全滅，兀突骨戰死，孟獲兵敗被俘。

這一次，諸葛亮問孟獲：「你還不服嗎？」

孟獲終於伏地認罪，說：「七擒七縱，從未有過，我雖為蠻人，亦知忠義，今日誠服矣！」

孟獲帶領南中部族正式歸順蜀漢。諸葛亮不僅釋放孟獲，還封他為南中洞主，讓當地人自己管理南中，徹底消除了叛亂隱患。

結局與影響

南中歸順，蜀漢後方穩定

這場戰爭後，南中各部族不再反叛，反而主動為蜀漢提供糧草、士兵，成為諸葛亮北伐曹魏的重要支援。

諸葛亮的懷柔政策成功

與其殺光敵軍，諸葛亮選擇「七擒七縱」，讓孟獲自己心服口服，用德政贏得蠻族的忠誠。

穩固吳蜀聯盟

此戰之後，東吳也意識到諸葛亮的智慧與策略，雙方關係更加穩固，為日後聯手抗魏奠定基礎。

藤甲兵全滅，火攻戰術經典

火燒藤甲兵成為歷史經典戰術之一，與「火燒赤壁」等火攻戰例齊名，展現了諸葛亮的卓越軍事才能。

諸葛亮的南征戰略

這場戰役證明了武力與智慧並用的價值。如果諸葛亮選擇直接屠殺南中部族，雖然短期內可平定叛亂，但長期來看，必然導致當地不斷反叛。而「七擒七縱」的策略，使南中人心歸順，長期成為蜀漢的穩定後方，對於諸葛亮日後的北伐有極大幫助。

南中平定後，諸葛亮終於可以全力北伐，實現「隆中對」的戰略規畫！

諸葛亮北伐中原：鞠躬盡瘁，死而後已

背景：北伐的必要性

蜀漢建興五年（西元 227 年），諸葛亮上《出師表》，決定親自率軍北伐曹魏，以完成劉備臨終前的遺願 —— 光復中原，重興漢室。

當時，魏國國力強盛，孫吳尚未能完全協調，而蜀漢國力孱弱，人口不足。儘管如此，諸葛亮仍希望透過持續的北伐，牽制魏國軍力，為蜀漢爭取更大的生存空間。

諸葛亮深知，蜀漢無法與魏國長期正面對抗，因此採取「持久戰」策略，希望利用多次進攻來消耗魏國，並伺機奪取關中，作為北伐的跳板。

第一次北伐（建興六年，227 年）

目標：攻占隴右三郡（安定、南安、天水），為未來進攻長安做準備。

結果：初戰獲勝，奪取安定與南安，但因街亭失守，導致戰略失敗，被迫撤退。

魏延提出「子午谷奇襲」

諸葛亮北伐前，魏延提出一個大膽的計畫——率五千精兵，經子午谷直取長安，認為十日之內可攻破魏國首都。然而，諸葛亮認為這是「孤軍深入、無法持久」，最終選擇穩健進攻隴右，從隴西逐步進軍關中。

蜀軍連戰皆捷，三郡歸降

諸葛亮的第一波攻勢非常成功，先後擊敗魏國名將夏侯楙與韓德，占領南安與安定，並策反了魏國大將姜維，使其投靠蜀漢。這讓蜀漢的軍力得到了進一步補強。

街亭失守，戰局逆轉

然而，諸葛亮派遣馬謖鎮守街亭，卻因布陣失誤導致大敗，使魏軍切斷蜀軍糧道，迫使諸葛亮撤軍。最終，諸葛亮不得不「揮淚斬馬謖」，以正軍紀，並自貶三等負責任。

結論：此戰顯示出蜀漢軍力不足的現實，也暴露出後勤補給的困難。諸葛亮雖能以智慧取勝，但在戰略資源上仍遠遜於魏國。

第二次北伐（建興七年，228 年）

目標：乘魏國三路伐吳，趁關中防禦空虛，再次出兵攻擊陳倉與祁山。

結果：陳倉攻不下，轉攻祁山，斬殺魏將王雙後撤退。

這次北伐，諸葛亮以姜維假降之計誘敵，成功誘使魏國將領曹真出戰，並在祁山之戰獲勝。然而，由於陳倉堅守不下，加上糧草補給困難，諸葛亮最終選擇撤退。

第三次北伐（建興八年，229 年）

目標：進軍隴西，奪取武都、陰平二郡，進一步鞏固戰略據點。

結果：成功攻下武都、陰平，但魏軍未與蜀軍正面決戰，未能擴大戰果。

諸葛亮這次改變策略，不再與魏國正面決戰，而是以快速攻城為主，成功奪取隴西兩郡，擴大了蜀漢的戰略縱深。然而，魏軍司馬懿堅守不出，等待蜀軍糧盡撤退，再次拖住蜀軍，使諸葛亮無法進一步擴大戰果。

第四次北伐（建興九年，231 年）

目標：以鹵城為據點，收割敵方糧草，解決蜀漢長期糧食短缺問題。

結果：成功收割糧草，但因後方糧草不足，被迫撤退。

這次北伐，諸葛亮以裝神弄鬼戰術騙過司馬懿，成功收割敵方小麥，大幅補充蜀軍糧草。然而，由於後方李嚴未能按時送糧，導致糧食問題仍然無法根本解決，最終不得不撤退。

亮點戰役：

- 裝神弄鬼迷惑司馬懿：諸葛亮與姜維、魏延等人三人同時易容，坐於不同地方，製造幻影效果，讓司馬懿誤以為自己被包圍，嚇得不敢出兵。

然而，由於後勤補給問題無法解決，諸葛亮對李嚴大怒，發現其謊報糧食短缺，最終處死李嚴。

第五次北伐（建興十二年，234 年）

目標：集中全部軍力，決戰渭南，圖謀中原。

結果：長期對峙後，諸葛亮因病去世，北伐徹底終止。

這是諸葛亮最後一次北伐，他意識到之前的戰略失敗，決定以「屯田戰略」長期駐軍，逐步削弱魏國。然而，司馬懿死守不出，拒絕與蜀軍交戰，使蜀軍始終無法找到突破口。

為了逼迫司馬懿出戰，諸葛亮在上方谷設伏火攻，誘使司馬懿大軍進入。當魏軍被困時，諸葛亮親自點火，眼看司馬懿就要葬身火海，突然天降大雨，火勢熄滅，司馬懿得以脫身。

諸葛亮仰天長嘆：「謀事在人，成事在天！」

這次失敗成為諸葛亮最後的遺憾，也象徵了他生命的終點。

諸葛亮之死與北伐的終結

建興十二年（西元 234 年）秋，諸葛亮因長年勞累過度，病逝於五丈原，終年 54 歲。

臨終前，他將蜀軍撤退計畫交給楊儀，並對姜維說：「我本欲竭忠盡力，恢復中原，重興漢室，奈天意如此……」

當蜀軍撤退後，司馬懿才敢來到五丈原，得知諸葛亮已死，嘆道：「天下奇才，如今隕落！」

為何諸葛亮北伐失敗？

諸葛亮五次北伐，歷時七年半，雖然展現出高超的戰術指揮才能，但最終仍未能成功，其失敗主要有幾個原因：

- 國力懸殊：蜀漢人口僅有魏國的三分之一，糧食、兵力遠遠不足。

- 後勤困難：長期進軍關中，糧食供應困難，導致屢次因糧盡而撤軍。
- 司馬懿採取守勢：司馬懿堅守不戰，利用時間拖垮蜀軍，削弱諸葛亮的戰略企圖。
- 蜀漢內部問題：如馬謖失街亭、李嚴謊報糧草，內部人事問題影響戰局。

諸葛亮「鞠躬盡瘁，死而後已」，雖未能恢復漢室，卻以智慧與忠誠，成為歷史上最偉大的軍事家與政治家之一。

司馬懿平定遼東：戰略與嚴酷手段

公孫淵的反叛

公孫氏家族在遼東立足已久，長期處於半獨立狀態，不敢公然反魏。然而，公孫淵執政後，與曹魏關係日趨惡化。他曾接受東吳孫權的封號，成為燕王，但又因畏懼曹魏，轉而斬殺吳國使臣，將首級送交魏主曹叡。曹叡隨後封公孫淵為大司馬與樂浪公，企圖籠絡，但公孫淵仍不滿足，最終自立為燕王，改元紹漢，正式公開叛魏，並率軍十五萬攻擊中原。

司馬懿征討遼東

魏景初二年（西元 238 年），曹叡命司馬懿率領四萬大軍征討遼東。曹叡擔心兵力過少而難以取勝，但司馬懿自信地表示：「兵不在多，而在於能設奇計。」帶著堅定的決心，司馬懿開始了這場征討戰。

抵達遼東後，魏軍先鋒胡遵率軍進駐遼東。公孫淵派大將卑衍、楊祚率八萬兵力駐守遼隧，築壘二十里，以期消耗魏軍，使之糧盡而退。司馬懿識破對方戰略，決定假意放棄正面進攻，直取襄平。卑衍、楊祚驚覺襄平兵力空虛，急忙撤軍回援，卻中了司馬懿的伏擊。魏軍在遼水兩岸設伏，當公孫淵軍隊行進時，夏侯霸、夏侯威率軍夾擊，大敗遼軍。卑衍戰死，公孫淵敗退入襄平城，魏軍隨即四面圍城。

長期圍困與決戰

襄平城堅守不出，適逢秋雨連綿，魏軍陷入泥濘之中，軍士苦不堪言。部分將領建議司馬懿移營至高地，以避水患，但司馬懿堅決反對，並嚴厲處決再提此議的將領，維持軍紀。

司馬懿故意讓部分軍隊撤退，誘使襄平城內軍民出城採伐樵薪，藉此削弱城內物資，同時等待敵軍因糧盡而動搖。數日後，天氣好轉，魏軍發動總攻，城內糧食枯竭，公孫淵部下怨聲載道，甚至有人計劃殺死公孫淵以求自保。公孫淵派遣使者向魏軍請降，然而司馬懿怒斥其誠意不足，並當場斬殺前來求和的使者。

眼見魏軍攻勢猛烈，公孫淵決定突圍，帶著親信千餘人趁夜逃離。然而司馬懿早有準備，於東南方設伏，成功攔截。最終，公孫淵與其子公孫修被俘，司馬懿下令將二人斬首，徹底瓦解遼東反叛勢力。

司馬懿的嚴酷政策

進入襄平後，司馬懿展現出極端的鐵腕手段。他下令屠殺十五歲以上的男子七千餘人，並誅殺公孫淵任命的官員二千多人，幾乎徹底剷除遼東的反抗力量。這種嚴酷的鎮壓雖然有效確保遼東歸附曹魏，但也留下深遠的歷史爭議。司馬懿對降者毫不寬容，使人質疑其政策是否過於殘忍。

戰略高明，手段過激

司馬懿在平定遼東的過程中展現了卓越的戰略眼光，利用敵軍心理，誘敵深入，最終取得勝利。然而，他對戰俘及百姓的處置過於嚴酷，使其在歷史上留下爭議。此役雖然確立了曹魏對遼東的統治，但也顯示出司馬懿的冷酷與決絕，反映出三國時代軍事與政治的殘酷現實。

姜維的北伐：堅持與無奈

繼承諸葛亮志業

諸葛亮去世後，蜀漢的軍事重任落在姜維肩上，他繼續推動北伐，以完成丞相未竟的事業。然而，此時蜀漢國力已大不如前，戰將凋零，僅剩廖化、張翼、張嶷等幾名老將能堪大任。當時民間流傳一句話：「蜀中無大將，廖化作先鋒」，足見蜀漢軍力已漸衰微。儘管如此，姜維仍然奮力一搏，持續發動北伐，試圖突破曹魏的防線。

首戰董亭：智計取勝

蜀漢延熙十六年（西元 253 年），姜維率軍二十萬，聯合羌族五萬兵力，再次發動北伐。他派廖化、張翼為左右先鋒，夏侯霸擔任參謀，進軍陽平關。曹魏方面，司馬師派弟弟司馬昭統帥大軍迎戰，並派徐質為先鋒。雙方在董亭交戰，蜀軍初戰失利，被魏軍擊退三十里。姜維遂設計誘敵，故意讓魏軍截斷蜀軍的糧道，再以伏兵反擊，成功擊殺徐質，並利用繳獲的魏軍軍服，假扮魏軍進入敵營，突襲魏寨，迫使司馬昭退守鐵籠山。姜維圍困魏軍，使其陷入無水可飲的困境，眼看勝利在望。

然而，蜀軍的羌族盟軍在途中遭郭淮伏擊，羌王迷當被俘，形勢逆轉。郭淮利用迷當的軍隊，趁機夾擊蜀軍，姜維猝不及防，只得敗退漢中，雖然戰役失利，但他成功斬殺魏將徐質、射殺郭淮，重挫魏軍士氣。

連年北伐，屢戰屢敗

西元 255 年，司馬昭初掌魏國軍政，不敢輕舉妄動，姜維趁機再次出兵，攻打抱罕與洮西南安。然而，魏軍雍州刺史王經率七萬兵迎戰，姜維採取「背水一戰」的戰術，成功擊潰魏軍，迫使王經退守狄道城。但蜀軍久攻不下，魏國援軍鄧艾率兵來援，姜維被迫撤回漢中。

隨後幾年，姜維又數次北伐，但每次都被鄧艾、陳泰等魏將擊退。特別是在祁山之戰，姜維試圖利用諸葛亮的「八陣圖」戰法困住鄧艾，卻被魏軍援軍突圍而出，失去了戰機。鄧艾後來利用反間計，讓蜀漢後主劉禪懷疑姜維，召其回成都，導致姜維不得不班師回朝。

最後的奮戰與無奈

西元 262 年，姜維最後一次北伐，計劃攻取洮陽，以作為長期駐軍之地。然而，魏將司馬望設下伏兵，引誘蜀軍入城，導致夏侯霸戰死，蜀軍慘敗。鄧艾趁勢反攻，姜維雖然奮力迎戰，卻因為後主聽信宦官黃皓的讒言，被召回成都，北伐計畫再度失敗。

姜維對後主劉禪的決策感到失望，向郤正請教對策。郤正建議他前往沓中屯田，一方面補充糧草，一方面維持軍權，避免受到朝廷排擠。姜維接受建議，帶兵駐守沓中，形成半獨立狀態。至此，姜維的北伐行動正式畫下句點，蜀漢也失去了與曹魏爭奪中原的最後機會。

孤軍奮戰，終成歷史遺憾

姜維承襲諸葛亮的志業，堅持北伐，展現了卓越的軍事才華與堅定的決心。然而，蜀漢國力日益衰弱，後主昏庸無能，使得姜維難以施展抱負。他的數次北伐雖屢敗，但仍多次重創魏軍，顯示其戰略眼光與謀略。然而，最終他仍無法改變大勢，未能實現復興漢室的理想，成為三國歷史上的一大遺憾。

司馬昭分兵伐蜀：蜀漢的終局

司馬昭部署滅蜀計畫

西元263年，魏國大權掌握在司馬昭手中，他為篡位鋪路，決定分兵兩路伐蜀，徹底消滅蜀漢。他任命鍾會為鎮西將軍，率軍從斜谷、駱谷攻入漢中；同時，任命鄧艾為徵西將軍，從隴右進攻蜀地。為了激發競爭，司馬昭賦予兩人同等的權力，使其互不調遣，各自爭功。

當時蜀漢的後主劉禪沉溺於享樂，不理朝政，寵信宦官黃皓，導致朝政混亂、民心渙散。姜維駐軍沓中，得知魏軍進攻，立刻上奏劉禪，卻被黃皓截留奏章，耽誤了戰機。

司馬昭計劃由鄧艾牽制姜維，確保鍾會順利攻取漢中。鄧艾隨即派軍進攻姜維大營。姜維得知漢中失守後，主動撤退，巧妙擺脫魏將諸葛緒的追擊，並與蜀軍的廖化、張翼會合，在劍閣布防，成功阻擋了鍾會的攻勢。鍾會軍隊受補給問題所困，打算撤軍。

鄧艾奇襲陰平，直取成都

此時，鄧艾為避開劍閣蜀軍的防線，決定從陰平小道進軍，直取涪城，再攻成都。他火速向司馬昭請示後，帶兵冒險穿越陰平的險峻山路。陰平小道長七百里，沿途多為無人行走的險境，山高谷深，道路崎嶇。鄧艾率軍開山架橋，步步艱辛，甚至在摩天嶺時，因無法行軍，許多士兵用氈子裹身，從山上滾下，才成功翻越險境。

當魏軍突然出現在江油時，守將馬邈猝不及防，立即投降。蜀軍聞訊震驚，魏軍順勢奪取涪城。蜀漢後主劉禪慌忙召集群臣議事，決定派諸葛亮之子諸葛瞻領軍迎戰。

綿竹之戰：諸葛瞻父子力戰犧牲

諸葛瞻率軍出成都，在綿竹抵抗魏軍。他先令其子諸葛尚為先鋒，迎戰魏將鄧忠、師纂。蜀軍布下八陣圖，戰場上擺出一輛四輪戰車，上有一人戴綸巾、持羽扇，裝作諸葛亮再世，令魏軍驚懼不已，首戰即敗。

鄧艾大怒，嚴令部將再次進攻。諸葛尚奮勇作戰，連敗魏軍。然而，鄧艾設伏兵誘敵深入，待諸葛瞻率軍追擊時，突然合圍，將其圍困。魏軍四面放箭，諸葛瞻中箭落馬，自刎殉國。諸葛尚見父親戰死，也策馬衝陣，最終戰死沙場。魏軍攻破綿竹後，兵鋒直指成都。

劉禪投降，蜀漢滅亡

魏軍進抵雒縣（今廣漢附近），劉禪無力抵抗，遣使奉上皇帝璽綬，請求投降。十一月，鄧艾率軍進入成都，駐營城外。劉禪攜太子與宗室、群臣共六十餘人，身綁白布，帶著棺材前來投降。鄧艾為其解縛，焚燒棺木，接受投降，並安撫蜀地官民，維持地方秩序。

另一方面，姜維仍在劍閣堅守，聽聞劉禪投降後，部將皆誓死不降。然而，姜維見大勢已去，決定假意投降鍾會，藉此策劃復興漢室。他向鍾會獻策，勸其獨攬蜀地，建立霸業，並誘使鍾會誣陷鄧艾，使司馬昭下令逮捕鄧艾。鍾會在成都收押鄧艾，並密謀反魏，但最終因魏軍內部不服，發生兵變，鍾會與姜維雙雙被殺。鄧艾在押解途中亦遭監軍衛瓘殺害。

劉禪被押往洛陽，封為安樂公，象徵蜀漢正式滅亡。司馬昭因成功滅蜀，被封為晉王，為日後篡魏奠定基礎。

蜀漢滅亡的必然與無奈

蜀漢滅亡的根本原因，在於內政腐敗與國力衰退。後主劉禪昏庸無能，寵信黃皓，使國家陷入內鬥與混亂，錯失應對魏軍進攻的機會。姜維雖英勇頑強，數度北伐，卻難以挽救江山。魏軍能成功滅蜀，除了司馬昭的謀略外，鄧艾的奇襲戰術也是關鍵，使蜀軍措手不及，最終無力回天。

蜀漢的滅亡，象徵著三國時代的終結已進入最後階段。魏國在此戰後徹底掌控中原，為日後晉朝統一中國奠定基礎。而姜維、諸葛瞻等人的奮戰，雖未能挽救蜀漢，卻展現了忠臣的氣節，成為歷史上令人敬佩的忠勇之士。

司馬炎統一全國與西晉的衰亡

司馬炎建立晉朝

西元 265 年，司馬昭去世，其子司馬炎繼承晉王之位。不久後，他逼迫魏帝曹奐禪讓，自立為帝，建立晉朝，史稱西晉。司馬炎即位後，致力於完成天下統一，這成為他最重要的目標。

他採納羊祜的建議，積極準備伐吳，派羊祜鎮守襄陽，主持對吳國的軍事部署。此外，他任命王濬為益州刺史，祕密建造戰船，為日後的水戰做準備。吳主孫皓專橫暴虐，罷免名將陸抗，改由孫冀掌軍，使吳國軍事實力進一步削弱。羊祜見吳國政局動盪，上表請求伐吳，但因賈充、荀勖等人反對，計畫暫緩。

羊祜去世後，杜預接替他的職位，繼續準備伐吳。他大力訓練軍隊，並運用離間計，促使孫皓召回吳軍名將張政，改派實力較弱的留憲接任，使吳軍邊境防務更加不穩。

王濬與杜預策劃滅吳

王濬在益州建造巨型戰船，每艘可載兩千人，船上甚至可馳馬往返。雖然造船計畫原本是機密，但吳國建平太守吾彥察覺異狀，上報孫皓，請求增兵防禦，卻遭到無視。吾彥無奈，只能用大鐵鏈封鎖長江水道，以防晉軍來襲。

西元279年，王濬完成戰船建造，上表司馬炎，請求出兵。司馬炎最初仍猶豫不決，杜預再次上奏，強調伐吳成功機率極高，最壞結果不過是無功而返。在張華的支持下，司馬炎終於下定決心，發動滅吳之戰。

西晉滅吳

西元279年十一月，司馬炎發動大規模伐吳戰役，任命杜預為大都督，率十萬大軍出江陵；司馬伷、王渾、胡奮等將領各自率兵數萬，從不同路線進攻吳國。同時，王濬率水軍沿長江東下，與陸軍配合。

孫皓得知晉軍進攻，大驚失措，急召群臣商討應對之策。他命車騎將軍伍延領軍迎戰杜預，派張悌、沈瑩、諸葛靚等將領率十萬兵駐守牛渚，以阻止晉軍。

杜預採用聲東擊西戰術，成功突襲江陵，擊敗吳軍主力，陸續攻陷武昌等地。王濬率水軍沿長江推進，遇到吳軍設置的鐵索封鎖，但他以火攻焚燒鐵索，使戰船順利通過。隨後，王濬水軍連破吳軍防線，最終直抵建業城下。

吳軍潰敗，吳主孫皓見無力回天，仿效劉禪，輿櫬自縛，率文武百官向王濬投降。王濬寬待孫皓，送往洛陽，司馬炎封孫皓為歸命侯，東吳正式滅亡，西晉統一全國。

八王之亂：西晉衰亡的開始

西晉建立後，司馬炎採取分封制度，大肆封賞宗室子弟，分封二十七位諸侯王，授予軍政大權，並允許他們自行任命官吏。這一政策埋下了內部爭權奪利的禍根，最終引發長達十六年的「八王之亂」，嚴重削弱西晉國力。

內亂的開端

西元 290 年，司馬炎病逝，太子司馬衷即位，史稱晉惠帝。然而，司馬衷天生愚鈍，不具治國能力，而他的皇后賈南風卻工於心計，擅權專政，導致朝廷內鬥不斷。

起初，司馬炎遺詔任命汝南王司馬亮與楊駿共同輔政，但楊駿利用皇后之權，假傳遺詔，趕走司馬亮，獨攬大權。元康元年（西元 291 年），賈南風與楚王司馬瑋密謀發動政變，殺死楊駿及其家族數千人，並廢黜楊太后。此舉拉開了八王之亂的序幕。

諸王內鬥，西晉動盪不安

賈南風掌權後，為保住權勢，不僅毒殺太子，還先後除掉汝南王司馬亮、楚王司馬瑋等人。後來，趙王司馬倫發動兵變，殺死賈南風，奪取帝位，並廢黜晉惠帝，自立為帝。然而，司馬倫稱帝後，遭到其他宗室王公的聯合討伐，最終被推翻，內戰進一步擴大。

隨後，齊王司馬冏、成都王司馬穎、河間王司馬顒等人相繼爭奪權力，導致戰亂不斷。這場內戰最激烈時，參戰軍隊超過三十萬，戰爭範圍擴及整個北方，嚴重削弱了西晉的國力。

西晉滅亡

內戰持續多年，國家元氣大傷，導致邊疆異族勢力趁機崛起。西元 304 年，匈奴貴族劉淵趁亂起兵，建立前趙政權，並逐步侵略晉朝領土。西元 311 年，前趙軍隊攻陷洛陽，俘虜晉懷帝，西晉政權徹底崩潰，晉室宗族南渡江南，建立東晉，進入南北朝時代。

短暫統一與長久動亂

司馬炎統一全國，使三國時代終結，完成歷史上的大一統。然而，他的分封政策為晉朝帶來嚴重內亂，最終導致八王之亂，削弱國力，使西晉無法抵禦外敵，最終滅亡。這場亂局揭示了中央集權與宗室分封之間的矛盾，也成為中國歷史上「內戰亡國」的重要案例。

司馬炎雖然建立了晉朝，結束三國戰亂，卻未能鞏固國家基業，導致短命的西晉王朝僅存五十多年，便因內鬥與外患而走向滅亡。

第六章 南北朝亂世與唐朝建立

導言

中國歷史上，南北朝的長期戰爭與唐朝的崛起象徵著中國社會結構、政治制度與軍事戰略的重大變革。從南北朝時期的宋魏對峙，到李淵的太原起兵，再到唐朝初期的周邊戰爭，這一系列衝突不僅影響了中國的統治格局，也為後世提供了政治與軍事發展的借鑑。南北朝時期的軍事對抗強化了北方民族與漢族的融合，為隋唐的大一統奠定基礎，而唐朝的對外擴張則促成了中國國際影響力的提升，使之成為東亞的霸主。這些戰爭對後世的影響可從民族融合、軍事戰略、政權更替與國際關係四個方面進行分析。

首先，南北朝的宋魏之戰不僅是漢族政權與鮮卑政權之間的對抗，更是中國民族融合進程中的關鍵一環。劉宋與北魏的長期爭戰，使得北方鮮卑統治者在治理漢人時不得不採取漢化政策，最終促成北魏孝文帝的漢化改革。孝文帝推行漢族禮儀、語言與官僚制度，使得鮮卑貴族逐漸與漢族融合，為日後的隋唐統一奠定了社會與文化基礎。此舉影響深遠，為中國歷史上少數民族政權成功統治漢族地區提供了範例，也使得後來的遼、金、元、清等少數民族政權在統治漢地時普遍推行漢化政策。此外，南北朝戰爭導致大量人口遷徙，南方地區經濟發展加速，成為後世南方經濟興起的開端，對宋朝以後中國經濟中心南移產生了深遠影響。

其次，南北朝的戰爭模式對後世軍事戰略的發展影響深遠。宋魏之戰突顯了長江天險在防禦上的優勢，這一戰略思維後來被南宋、明朝與清朝所借鑑，形成以長江為屏障的防禦體系。此外，北魏在對抗南朝時發展出的騎兵作戰模式，成為日後隋唐騎兵部隊的基礎。唐朝的騎兵戰術承襲並發展了北魏的模式，在與突厥、西域諸國的戰爭中發揮關鍵作用。南北朝的軍事對抗還促成了城池防禦技術的進步，諸如城牆加固、拒馬設置與水攻戰術等，都在隨後的隋唐戰爭中發揮了作用。這些軍事發展不僅改變了中國歷代王朝的作戰方式，也影響了周邊國家的軍事戰略。

從政權更替的角度來看，南北朝的長期戰亂促成了隋朝的統一，但隋朝由於急於推行大規模基礎建設與軍事擴張，國力迅速消耗，最終導致內亂。李淵的太原起兵正是在隋末動盪的背景下發動的，他利用隋朝的軍事失誤與民間不滿，迅速集結兵力，奪取關中，建立唐朝。李淵的成功象徵著關隴貴族的崛起，並確立了隋唐時期的政治模式——即以關中為核心，聯合北方軍閥與胡漢勢力，形成強大的中央集權體制。這種模式在唐朝前期維持了國家穩定，使唐太宗、武則天、唐玄宗時期的盛世得以實現。然而，這一模式的弊端也在後來的藩鎮割據與安史之亂中顯現，為唐朝的衰落埋下伏筆。李淵的起兵與唐朝的建立也為後世政權更替提供了範例，後來的宋朝、明朝與清朝的建立，都不同程度地借鑑了唐朝的奪權模式。

最後，唐朝初期的周邊戰爭為中國歷史上的國際關係模式奠定了基礎。唐太宗與唐高宗時期，透過對突厥、高句麗、吐蕃與西域諸國的戰爭，確立了中國在東亞與中亞地區的霸權地位。唐軍的勝利促成了「大唐天可汗」的稱號，使唐朝成為東亞國家的宗主國。這一國際格局影響深遠，使中國在隋唐時期成為東亞的文化與經濟中心，並影響了日本、朝鮮與越南的政治制度與文化發展。唐朝的對外戰爭還促進了絲綢之路的繁榮，增強了中國與西域、波斯與阿拉伯地區的貿易連繫。這一貿易模式對後世影響巨大，直至明清時期，中國仍是亞洲貿易網絡的核心。

綜合而言，從宋魏之戰到唐朝初期的戰爭，對後世的影響展現在民族融合、軍事戰略、政權更替與國際關係四個方面。南北朝的戰爭促成了民族融合與漢化政策的普及，並推動南方經濟的發展。隋唐的軍事變革提升了中國的軍事實力，為唐朝的國際地位奠定了基礎。李淵的太原起兵展現了利用內亂奪取政權的模式，影響了後來的王朝更替方式。而唐朝初期的周邊戰爭確立了中國的國際影響力，使其成為東亞霸主，影響了東亞各國的歷史發展。這些影響在中國歷史的發展進程中持續發揮作用，並塑造了後世王朝的治理模式與國際關係框架。

北魏崛起與劉宋政權的勢力競爭

北魏與劉宋的對峙

東晉末年，北方的鮮卑族拓跋氏崛起，首領拓跋珪統一蒙古各部，建立北魏政權，並將都城遷至平城（今山西大同）。北魏太武帝拓跋燾積極擴張勢力，先後滅掉北燕與夏國，並擊敗柔然，成功統一黃河流域，成為北方強國。

南方方面，劉裕取代東晉，建立南朝劉宋政權。到了宋文帝時期，劉宋已成為南方的主要強權。北方的北魏與南方的劉宋形成了南北對峙的格局。

元嘉北伐與檀道濟的機智

宋文帝憑藉日益增強的國力，多次發動北伐。元嘉七年（西元 430 年），宋文帝命檀道濟率軍北伐，先遣前鋒到彥之進軍河南，成功收復洛陽與虎牢，但不久後便失守，只得退駐滑臺。次年一月，檀道濟親率大軍前往援救，行軍至壽張（今山東東平西南）時遭遇北魏軍隊阻擊。

檀道濟憑藉精湛的軍事才能，奮勇擊敗魏軍，並連戰三十餘次，屢屢獲勝，最終抵達歷城（今山東濟南）。然而，北魏將領叔孫建巧妙運用騎兵戰術，派出輕騎繞至宋軍後方，焚燒宋軍糧草，導致宋軍補給短缺，難以繼續進軍。魏軍在此時成功攻下滑臺，並對檀道濟形成夾擊之勢。

在四面受敵、軍糧斷絕的情況下，檀道濟決定撤軍。為了迷惑魏軍，他命士兵在夜間假裝清點糧食，讓魏軍誤以為宋軍尚有充足補給，因此不敢輕易追擊。同時，他命士兵全副武裝，而自己則輕裝從容撤退，使魏軍疑心有伏兵，不敢進逼。最終，檀道濟成功率軍返回京城，維持了宋軍的軍威。此戰後，北魏對檀道濟心生畏懼，暫不再南侵。

元嘉二十七年宋魏決戰

元嘉二十七年（西元 450 年），南北兩大強國發生關鍵性戰爭。當年二月，北魏太武帝拓跋燾親率十餘萬大軍攻擊宋國的懸瓠城（今河南汝南），雙方激戰四十餘日，傷亡慘重，最終魏軍暫時撤退。但太武帝揚言秋季將進攻揚州。

七月，宋文帝決定主動北伐，並分兵兩路：東路由蕭斌統帥，王玄謨為前鋒，西路則由柳元景擔任建威將軍，負責西線戰事。東線初戰順利，宋軍攻下碻磝，隨即圍攻滑臺。然而，王玄謨缺乏戰略眼光，且貪婪好利。他強徵當地百姓提供布匹與大梨，並將投軍的青年當作僕役，導致北方民眾失望，紛紛逃離。宋軍圍攻滑臺數月未果，使北魏得以調動主力反擊。

當魏太武帝率軍南下救援時，王玄謨驚慌失措，棄軍逃跑，導致宋軍全面潰敗，魏軍不費一兵一卒便獲得大量戰利品。隨後，北魏軍勢如破竹，越過淮河，直逼長江北岸。

柳元景的西線攻勢

與東線的失利相比，西線戰事進展順利。八月，柳元景率軍進攻盧氏，並於十月攻克北魏西線重鎮弘農，俘虜太守李初古拔。宋軍接著分兵兩路，一路進軍潼關，一路直指陝城。十一月，宋軍圍攻陝城，魏軍則憑藉險要地勢頑強防守。

此時，北魏洛州刺史張是連率援軍兩萬人趕往陝城。宋將薛安都奮勇攻城，但屢次受挫。柳元景得知魏軍援兵逼近後，立即率領三千精銳騎兵連夜增援，在魏軍與宋軍決戰前趕到，出其不意地擊潰魏軍，成功奪取陝城。幾乎同時，進攻潼關的宋軍在當地義軍協助下攻克潼關，並繼續向西推進。北魏朝廷震動，因為關中守軍薄弱，且當地羌族與胡族等部落趁機起兵反魏，使北魏陷入困境。

然而，由於東線戰敗，宋文帝擔憂西線軍隊深入敵境後難以脫身，因此下令柳元景撤軍回襄陽。

宋魏戰爭的結局

次年，北魏乘勝進攻彭城，但遭劉駿擊退，轉攻盱眙城亦未能得手。魏太武帝於是率軍南下，直抵長江北岸的瓜步（今江蘇六合），揚言渡江進攻南方。宋文帝緊急徵召周邊軍隊防禦，並命京城貴族子弟皆上陣防守，沿江嚴陣以待。

最終，魏軍因補給困難，只能選擇撤退。在攻擊盱眙城的戰役中，魏軍連續攻城三十日，戰死者眾多，屍體堆積如山，仍未能攻破城池，只能放棄進攻。

這場戰役結束後，劉宋國力大損，北方防線也從洛陽、滑臺南移至淮北。北魏方面雖然獲勝，但死傷慘重，國力亦受影響。自此，宋魏雙方不再發動大規模戰爭，南北對峙格局趨於穩定。

南梁的侯景之亂

南梁武帝蕭衍在位長達四十八年，早年英明果決，平定南方，抗擊北魏，展現出卓越的軍事與政治才能。然而，晚年沉迷佛教，疏於政務，最終因錯誤決策接納叛將侯景，導致嚴重的內亂，最終殞命於侯景之亂。

當時北魏內部分裂為東魏與西魏，東魏將領侯景掌控河南十三州，不願受東魏節制，遂投奔西魏。西魏丞相宇文泰表面上接納侯景，授以高官，但實則削弱其勢力，逼迫其交出兵權。侯景察覺自身處境危險，轉而向南梁請降。梁武帝因缺乏得力將領，錯誤地認為侯景能協助鞏固北方邊疆，於是封其為河南王。但侯景並非忠誠之士，反而成為威脅梁朝的最大禍患。

西元 547 年，梁軍出兵聲援侯景，然而，貞陽侯蕭淵明指揮不當，最終慘敗於寒山堰，梁軍主力損失殆盡。侯景兵敗後僅率八百人逃入壽陽，形勢極為不利。此時，梁朝與東魏密切交涉，意圖用侯景交換被俘的蕭淵明。侯景得知後，恐自身性命難保，於是發動兵變，正式背叛梁朝。

西元 548 年，侯景自壽陽起兵，迅速攻陷譙州、歷陽，並與臨賀王蕭正德內外呼應。朝廷緊急任命邵陵王蕭綸率軍討伐，然而，侯景在謀士王偉的建議下，決定放棄淮南，直取梁都建康（今南京）。憑藉八千精兵，他渡江突襲，成功攻陷石頭城，包圍臺城。

臺城內部由太子蕭綱指揮抵抗，城防嚴密，侯景久攻不下，糧草告急，遂假意請和，騙取時間補充物資。梁武帝誤信侯景，授其高官，並與其結盟。然而，侯景得糧後立刻撕毀盟約，再度猛攻，最終攻破臺城，擒獲梁武帝與太子蕭綱。武帝被囚兩月後，在飢餓與絕望中離世。

侯景攻陷建康後，大肆屠殺劫掠，三吳地區遭到嚴重破壞。隨後，他進一步向廣陵進軍，屠殺城中八千人，使廣陵成為死城。西元 551 年，侯景自立為帝，國號漢，然而其殘暴統治引發普遍反抗。西元 552 年，梁將王僧辨、陳霸先聯軍攻入建康，侯景兵敗東逃，最終為部下所殺，屍首被棄於長江。

侯景之亂象徵著南梁由盛轉衰，戰後梁朝四分五裂，最終為陳霸先所滅，建立南陳。而北朝則趁機南侵，長江以北盡入北齊與西魏（北周）之手。連年戰亂導致江南經濟嚴重衰退，影響長達百年。

北齊與北周的戰爭

北朝後期，東魏與西魏先後為北齊與北周取代，兩國之間戰火不斷。戰爭初期，雙方勢均力敵，北周由楊忠領軍，北齊則倚重名將斛律光，互有勝負。

西元 562 年，北周策劃聯合突厥夾擊北齊，朝廷內部對此戰略意見分歧，多數人認為至少需要十萬大軍才能撼動北齊。然而，楊忠堅持以精騎一萬即可達成目標。次年，他率軍奇襲北齊，連奪二十餘城，擊潰齊軍主力。然而，北齊名將斛律光迅速反擊，於邙山大敗周軍，確保北齊邊境安全。

然而，北齊內部政局動盪，權臣祖珽利用謠言離間齊後主與斛律光，導致後主誅殺這位最能抗衡北周的名將。此舉大傷北齊軍力，為日後北周伐齊埋下禍根。

西元 575 年，周武帝親率大軍進攻北齊，取得初步勝利，雖因病撤軍，但次年再度伐齊。北齊後主昏庸無能，在晉州告急時仍沉迷於狩獵，導致防線崩潰。周軍乘勝追擊，迅速攻陷晉陽與鄴城。西元 577 年，北齊滅亡，後主高緯被俘，北方完成統一。

隋文帝統一中國

北周滅北齊後，西元 581 年，楊堅篡位建立隋朝，史稱隋文帝。他先平定突厥，穩定北方邊境，隨後著手準備南征，以統一中國。

南陳末代君主陳叔寶昏庸荒淫，政治腐敗，國勢日衰。隋文帝命大臣高熲擬定戰略，透過數次虛張聲勢的軍事調動，令陳朝放鬆戒備，為最終攻擊創造條件。

西元 588 年，隋文帝正式發動伐陳戰役，動員兵力五十一萬八千，兵分多路進軍。賀若弼與韓擒虎分別率軍自廣陵與廬江南下，迅速攻占江防要地。韓擒虎趁夜奇襲採石磯，陳軍尚未清醒即遭擊潰。

隨後，隋軍向建康進發，陳軍毫無還手之力。賀若弼以懷柔策略，安撫俘虜，使陳軍士氣進一步低落。韓擒虎則以輕騎直取朱雀門，迅速攻入宮城。陳後主倉皇逃至景陽殿後方，與嬪妃藏於枯井內，最終被隋軍發現並俘虜。

至此，陳朝滅亡，中國結束長達近三百年的南北分裂，隋朝完成統一。此後，隋文帝推動政治改革，為唐朝盛世奠定基礎。

李淵太原起兵與唐朝建立

隋朝傳至第二代皇帝楊廣（隋煬帝）時，因揮霍無度、大興土木，又接連發動兩次對高麗的戰爭，耗費大量國力，導致民不聊生，各地紛紛起兵反抗，天下陷入混亂。隋煬帝為避戰亂，帶宮妃與百官南巡至江都，並命唐公李淵駐守太原，以平定各地「盜匪」。

李淵起初仍效忠隋朝，但後來因被懷疑無法有效抵禦突厥，而遭受猜忌，隋煬帝有意加罪於他，迫使李淵走上起兵反隋之路。李淵的次子李世民積極結交豪傑，策劃起事，並與晉陽縣令劉文靜在獄中擬定起兵計畫。李世民透過晉陽宮副監裴寂將計畫轉告李淵，李淵當即決定響應。

李淵為了起兵，先以抵禦突厥為名，徵召士兵，短短十日內便集結萬人。他又剷除異己，將對其不信任的太原副留守王威與高君雅誅殺，穩固內部勢力。為了獲得突厥的支援，他親自致信突厥始畢可汗，承諾戰利品歸突厥所有，甚至自稱臣下，成功換取突厥的支持。

隋大業十三年（西元 617 年）七月，李淵率三萬大軍沿汾水河谷南下，進軍關中。他在霍邑與隋軍交戰，透過誘敵深入戰術擊敗隋將宋老生，順利攻下霍邑，接著直逼長安。李世民率軍攻破隋軍防線，包圍長安。經過十多日激戰，長安城被攻破，李淵順利入城，扶立代王楊侑為帝，改元義寧，自任大丞相，掌控朝政。

義寧二年（西元 618 年），隋煬帝在揚州被宇文化及弒殺，李淵隨即廢黜楊侑，在太極殿即位稱帝，建立唐朝，改元武德，並冊封長子李建成為太子，次子李世民為秦王，四子李元吉為齊王，唐朝正式開啟統治。

唐朝的統一戰爭

唐朝建立之初，勢力僅限於關中與河東，外部仍有多股勢力割據。其中，西北有薛舉與薛仁杲盤據甘肅，河北有竇建德稱夏王，河南有王世充篡隋自立為鄭國皇帝，南方則有杜伏威與輔公祏各據一方。為統一全國，李淵與李世民採取「先西後東，先北後南」的策略，展開征討。

武德元年（西元 618 年），李世民率軍征討薛舉、薛仁杲，採取深溝高壘戰術，圍困敵軍並斷糧道，成功迫降隴右、河西之地。接著，唐軍擊敗河東軍閥劉武周，收復太原，穩固北方。

武德三年（西元 620 年），李世民進攻洛陽，圍困王世充。王世充向竇建德求援，竇建德率十萬大軍前來救援，李世民則以五千精騎迎戰，在虎牢之戰大破夏軍，俘獲竇建德，王世充見勢不妙，最終開城投降。至此，唐朝掌控河南地區。

武德五年（西元 622 年），竇建德舊部劉黑闥在河北復起，唐軍圍困洺州，切斷糧道，最終擒殺劉黑闥，使河北重新納入唐朝版圖。

南方方面，武德四年（西元 621 年），杜伏威歸順唐朝，被封為東南行臺尚書令，協助唐軍平定江淮。武德六年（西元 623 年），輔公祏在丹陽叛亂，李孝恭、李靖等率軍南征，以誘敵戰術擊潰其主力，攻陷丹陽，並斬殺輔公祏。至此，南方局勢穩定，全國統一大業完成。

唐朝透過一系列軍事行動與策略布局，成功擊敗各地割據勢力，奠定了日後大唐盛世的基礎。

唐初邊疆政策與擴張戰略

統一後的邊境挑戰

唐朝在統一全國後，周邊仍有許多游牧民族，如突厥、吐谷渾與吐蕃等，不時侵擾邊境。如何處理與這些民族的關係，維護國內安全，成為唐初的重要課題。唐太宗採取攻撫並舉的策略，並實行靈活的民族政策，使邊境得以安寧，同時也擴大了唐朝的影響力。

東突厥的征討與安撫

貞觀二年（西元 628 年），唐太宗趁東突厥內亂之機，派遣李靖為定襄道行軍總管，聯合李勣、薛萬徹等將領，發動對東突厥的軍事行動。經過兩年戰爭，唐軍成功攻克頡利可汗的據點，並最終俘獲頡利可汗，使東突厥滅亡。面對十多萬突厥降眾，唐太宗召開朝會討論如何安置。部分大臣主張將降眾遷入內地分散居住，以削弱他們的勢力，也有人建議將其趕回草原。然而，中書令溫彥博提出應將他們安置於水草豐美的河套地區，保留其部落組織，使其安定生活並協助邊防。唐太宗採納此建議，設立定襄與雲中都督府來管理這些降眾，並重用歸降的突厥領袖。此舉獲得周邊民族的認同，唐太宗更被尊為「天可汗」。

吐谷渾的討伐與安撫

貞觀八年（西元 634 年），吐谷渾可汗伏允發動對唐朝邊境的侵擾。唐太宗派李靖為西海道行軍大總管，聯合突厥與契丹等歸降部隊，分路進攻吐谷渾。經過激戰，唐軍成功擊敗吐谷渾主力，伏允可汗戰敗逃亡，最終被部下所殺。唐朝扶植慕容順為可汗，維持西北邊境的穩定。

薛延陀的南侵與平定

貞觀十五年（西元 641 年），北方的薛延陀部趁唐太宗準備封禪泰山之際，發動南侵。唐軍由李勣率領，成功在諾真水擊敗薛延陀軍，擒獲五萬餘人，擊潰其勢力，使唐朝進一步鞏固對北方草原的掌控。

唐與吐蕃的聯姻與合作

唐朝除了軍事征討，也採取外交手段來穩定邊疆。貞觀十五年，唐太宗應吐蕃贊普松贊干布的多次請求，將宗室文成公主嫁予松贊干布，促成唐蕃聯姻。此舉加強了唐朝與吐蕃的關係，促進雙方文化交流，開啟了吐蕃學習唐朝制度的時期。

東征高麗的失利

貞觀十九年（西元 645 年），唐太宗以高麗政局混亂為由，親自率軍東征。唐軍攻克數座城池，但在安市城遭遇頑強抵抗，加之氣候嚴寒與補給困難，只能撤軍。此戰未能徹底征服高麗，成為唐朝東北擴張的一次挫折。

唐高宗時期的邊疆政策

唐高宗繼位後，延續唐太宗的攻撫並舉政策。永徽元年（西元 650 年），唐朝平定東突厥的叛亂，設立狼山都督府，進一步加強對北方的控制。永徽二年，西突厥在阿史那賀魯的領導下反叛，唐軍在牢山之戰中大敗西突厥軍，削弱了其勢力。

西域戰事與突厥的最終平定

顯慶二年（西元 657 年），唐高宗命蘇定方率軍遠征西突厥，成功擊敗賀魯，平定西域，使唐朝的疆域擴展至鹹海一帶。隨後，蘇定方進一步征討西突厥思結闕部，成功平定蔥嶺以西地區，確保唐朝對西域的控制。

征討百濟與高麗

顯慶五年（西元 661 年），唐朝應新羅請求，派蘇定方討伐百濟，成功滅亡百濟並在當地設立六州。乾封元年（西元 666 年），高麗內部發生政變，唐軍介入，並於總章元年（西元 668 年）成功攻克平壤，滅亡高麗，在當地設置安東都護府，全面納入唐朝版圖。

結論：唐初邊疆政策的成功與影響

唐初的邊疆政策結合軍事征討與民族融合，使唐朝能夠在短時間內穩定邊境並擴展影響力。透過設置都護府、安置降眾與聯姻政策，唐朝建立起穩定的邊疆治理模式，為後續的國際關係奠定基礎。這些策略不僅影響唐朝的國力，也對後世中國的邊疆治理產生深遠影響。

第七章 唐朝由盛轉衰

導言

中國歷史從唐朝的安史之亂開始，經歷藩鎮割據、黃巢之亂，再到五代十國的諸侯混戰，呈現出由盛轉衰、分裂再統一的歷史進程。這一時期的動盪對後世的政治體制、軍事發展、經濟變遷與社會結構產生了深遠影響。安史之亂導致唐朝由盛世轉入衰落，藩鎮割據進一步削弱中央集權，黃巢之亂推動了農民起義對封建政權的挑戰，而五代的諸侯混戰則影響了後世王朝的政治架構與軍事制度，為宋朝的建立與中央集權體制的確立鋪路。

首先，安史之亂是唐朝由盛轉衰的關鍵點。天寶十四年(755年)，安祿山發動叛亂，史稱「安史之亂」，此戰持續八年，導致唐朝人口銳減、經濟崩潰、軍事體制變革，並改變了唐朝的政治格局。戰前，唐玄宗時期(開元、天寶年間)中央政府控制著龐大的帝國，透過均田制與科舉制度維持穩定。然而，長期的邊疆擴張導致節度使權力增強，軍事將領擁有自主權。安史之亂爆發後，唐朝政府依賴藩鎮平亂，戰後這些節度使拒絕裁撤軍隊，導致藩鎮割據局面的形成。這一趨勢影響深遠，直到五代時期，地方軍閥仍掌握實權，影響中國數百年。

藩鎮割據使中央集權崩潰

安史之亂後，唐朝政府無法直接掌控全國軍政，節度使權力進一步擴大。他們在地方上擁有徵稅權、軍事權與官員任命權，形成「藩鎮割據」的局勢，如河北的成德、盧龍、魏博三鎮，長安周邊的河東、淮西等地皆為獨立軍閥勢力。這些藩鎮對中央政府陽奉陰違，甚至直接對抗，如唐憲宗時期，宦官與藩鎮聯手，削弱皇權。藩鎮割據影響後世深遠，導致中國政治體制的變革，使宋朝在統一後推行「強幹弱枝」政策，削弱地方軍事實力，以防止重蹈唐朝滅亡的覆轍。

黃巢之亂則象徵著農民階級對封建政權的挑戰

唐朝末年，賦稅加重、土地兼併嚴重，農民生活困苦，最終引發黃巢領導的農民起義（875～884年）。黃巢軍攻入長安，建立「大齊」政權，儘管最終失敗，但此戰嚴重動搖了唐朝統治根基，使其陷入無法挽救的頹勢。黃巢之亂對後世影響極大，首先，它鼓舞了後來的農民起義，如宋末方臘、明末李自成等皆以黃巢為先例；其次，它促使五代十國的形成，因為唐朝滅亡後，各地軍閥迅速瓜分權力，最終形成割據政權。

五代十國時期的混戰，為宋朝的建立提供了歷史教訓

唐朝滅亡後，歷經後梁、後唐、後晉、後漢、後周五個短命王朝，政權交替頻繁，地方割據勢力（十國）如吳越、南唐、前蜀、後蜀等則各自為政。五代時期的軍閥割據顯示出中國封建制度的危機，戰爭不斷，社會經濟受到嚴重破壞。這段歷史對後世的最大影響在於促使宋朝建立強有力的中央集權制度，削弱地方軍事勢力，確立「文官治軍」，以確保皇權穩固。

綜上所述，從安史之亂到五代諸侯混戰，中國經歷了由盛轉衰、割據混戰的歷史過程。安史之亂使唐朝失去中央控制力，藩鎮割據削弱了皇權，黃巢之亂則加速唐朝滅亡，而五代十國的混戰最終促使宋朝建立中央集權制度，避免過去的錯誤。這一時期的歷史對後世影響深遠，為中國封建社會後續的政治與軍事發展提供了重要的歷史經驗。

從河朔三鎮到唐憲宗的削藩戰爭

河朔三鎮的形成與割據局勢

安史之亂後，唐朝廷為了穩定北方局勢，將降將李寶臣、李懷仙與田承嗣分別封為成德、盧龍、魏博節度使。這些節度使雖名義上受朝廷節制，但實際上形成了獨立王國，史稱「河朔三鎮」，為唐後期藩鎮割據局勢埋下禍根。

唐大曆十二年（西元 777 年）十二月，淄青節度使李正巳、魏博節度使李承嗣、承德節度使李寶臣及山南東道節度使梁崇義互相勾結，不遵從朝廷命令，開始在政治、軍事及財政上實行獨立運作。大曆十四年正月，魏博節度使李承嗣去世後，其姪田悅自行繼位，唐代宗不得不承認其為魏博節度使，自此，藩鎮世襲之風成為慣例，地方勢力日益坐大，甚至公然與朝廷對抗。

李希烈的叛亂與失敗

唐建中二年（西元 780 年）六月，山南東道節度使梁崇義拒絕接受唐德宗的命令，遭到淮西節度使李希烈討伐，戰敗自殺。然而，李希烈自恃有功，開始自立門戶，並於建中三年七月兼任平盧、淄青、兗渾、登萊、齊州節度使。十二月，他自封為天下都元帥、太尉，甚至在建中四年（西元 781 年）正月正式叛唐，攻陷汝州。

唐德宗派遣顏真卿前往勸降，但李希烈非但不接受，還將顏真卿扣押於許州。同年十二月，李希烈進攻汴州，成功擊潰官軍，接著滑州刺史李澄投降，使李希烈勢力進一步擴大。元興元年（西元 784 年）正月，李希烈在汴州稱帝，國號大楚。然而，他的軍隊接連在壽州、江都及蘄州遭遇失敗，並在寧陵之戰中大敗。

貞元二年（西元 786 年）二月，李希烈屢戰屢敗，內部離心離德。最終，其部將陳仙奇趁他生病時，在藥中下毒將其毒死，隨後殺害其家族成員，並舉城投降唐朝。

唐憲宗的削藩行動

貞元二十一年（西元 805 年），唐憲宗李純即位後，決心徹底解決藩鎮割據問題，展開一系列平叛戰爭，並取得重大勝利。

西川節度使韋皋病死後，劉辟自行接管軍務，並試圖擴張勢力範圍。然而，憲宗拒絕其要求，劉辟遂圍困東川節度使李康於梓州。唐朝派遣高崇文率軍五千人南下討伐劉辟，並與山南西道節度使嚴礪聯合進軍。劉辟軍望風而降，成都迅速被攻下，劉辟試圖逃往吐蕃，卻在途中被捕，最終被送往長安處斬。

平定西川後，許多藩鎮擔心遭到討伐，紛紛向朝廷請降。然而，鎮海節度使李琦仍然不服從朝廷命令，甚至派兵攻擊蘇州、常州等地。唐憲宗遂下詔削奪李琦官爵，並命淮南節度使王鍔率軍征討。在朝廷大軍壓境之下，李琦的部將紛紛倒戈，最終李琦被擒送往長安，遭到處決。

征討吳元濟與最終平定藩鎮

元和九年（西元 815 年）六月，彰義軍節度使吳少陽去世，其子吳元濟隱瞞死訊，自行掌控軍務，企圖繼續割據。唐憲宗隨即下詔討伐吳元濟，並任命南山東道節度使嚴綬為招撫使，統領各路兵馬進攻。

元和十年正月，吳元濟的軍隊大舉進攻東都洛陽附近地區，朝廷立即下詔削奪其官爵，並調動十六道兵馬增援。初期，唐軍屢遭敗績，但忠武節度使李光顏在臨穎、南頓連勝吳元濟軍，成功扭轉局勢。

吳元濟向成德節度使王承宗及淄青節度使李師道求援，但朝廷不願妥協，反而加大討伐力度。李師道為阻止唐軍進攻，派人襲擊河陰糧倉，甚至派刺客刺殺宰相武元衡，重傷御史中丞裴度。然而，唐憲宗仍然不為所動，持續對吳元濟展開攻勢。

元和十一年（西元 816 年）九月，唐軍展開總攻，趁風雪之際突襲蔡州，迅速攻破城池。吳元濟無力抵抗，只能投降，被押解至長安處決。長達四年的淮西之役至此結束。

最後的削藩行動與唐朝重振

元和十三年（西元 818 年）正月，成德、橫海等鎮得知吳元濟敗亡後，紛紛向朝廷請降。然而，淄青節度使李師道依然桀驁不馴，拒絕割地納質。唐憲宗隨即下令進攻淄青，並調集魏博、義成等鎮聯合征討。

李想率軍在金鄉大破李師道軍，經過多次激戰，成功收復淄青十二州。李師道的部將劉悟見勢不妙，倒戈殺死李師道，並投降唐朝。至此，唐朝重新掌控淄青地區，威信大振，割據藩鎮紛紛歸附。

藩鎮割據的影響

唐憲宗透過一系列軍事行動，有效削弱了藩鎮勢力，使唐朝中央權威得以暫時恢復。然而，藩鎮問題並未根除，隨後的唐穆宗與唐文宗時期，藩鎮再次復甦，終使唐朝難以逆轉衰亡的趨勢。儘管如此，憲宗的削藩政策仍是唐代最後一次強力維護中央集權的努力，為後世王朝治理地方勢力提供了借鏡。

黃巢之亂與唐朝的最終動盪

背景與起義初期

唐朝末年，政局動盪，官府腐敗，賦稅沉重，加上連年自然災害，導致百姓生活困苦。乾符二年（西元 875 年），王仙芝在河南起兵反唐，黃巢亦於家鄉聚集數千人參加起義，並迅速壯大。起義軍先後攻占河南十五州，兵力增至數萬，對唐朝構成嚴重威脅。

唐僖宗調動軍隊進行鎮壓，展開長達十年的農民軍與官軍之戰。起義軍遭受官軍夾擊後，戰略性轉移，向東攻打沂州，隨後又折返西行，進軍洛陽周邊，攻下陽翟、郟縣等地。唐軍加強防禦，試圖圍剿起義軍，起義軍則向南進入江淮，並於同年十二月包圍蘄州。

蘄州刺史裴偓企圖勸降王仙芝，然而黃巢強烈反對。王仙芝降官未果，率部三千人繼續轉戰，黃巢則帶領主力挺進中原。不久，王仙芝在黃梅戰敗被殺，部將尚讓率餘眾北上與黃巢會合，推舉黃巢為首領，尊號「沖天大將軍」。

擴張與廣州之戰

黃巢率軍與唐軍周旋，連克沂、濮等地，準備進攻洛陽。然而，唐軍加強防禦，黃巢被迫改變戰略，南下進入長江流域，攻克虔州、吉州、饒州等地。然而，在進軍宣州途中遭到唐軍王凝的重創，黃巢轉而向浙東、福建發展，於乾符六年（西元879 年）攻克福州。

為了進一步壯大勢力，黃巢率軍沿海南進，最終抵達廣州城下。他向朝廷上表請求任命為廣州節度使，卻僅被授予太子東宮率府率之職，黃巢大怒，一舉攻克廣州。然而，由於水土不服與瘴疫流行，軍中傷亡慘重，黃巢決定北上。

進軍長安與建立大齊政權

黃巢率軍北上，途經桂林，溯灕江而上，進入湘江，隨後進攻江陵。唐荊南節度使王鋒不敵，棄城逃往襄陽。起義軍迅速壯大至五十萬人。然而，由於戰線拉長，軍中補給困難，黃巢在江陵遭遇官軍伏擊，損失慘重，遂東下轉戰江南，重新整軍。

黃巢為分化官軍，向唐淮南節度使高駢示好，表達願意歸降。高駢受賄後撤軍，黃巢乘機擊敗唐軍，勢力再次壯大，最終渡過淮水，橫掃中原。乾符六年（西元 880 年），起義軍攻入洛陽，東都留守劉允章率百官出城迎降，黃巢進入洛陽，嚴明軍紀，獲得百姓支持。

隨後，黃巢率軍西進，攻破潼關，長驅直入長安。唐僖宗倉皇逃往成都，黃巢順利進入京城，長安市民夾道歡迎。當年十二月十三日，黃巢在含元殿登基稱帝，國號「大齊」，改元「金統」，並設立官制。

唐軍反攻與起義失敗

黃巢即位後，試圖穩定政權，勸降周邊藩鎮。然而，唐朝仍控制關中部分地區，並積極整軍反攻。中和元年（西元 881 年）四月，唐將鄭畋集結關中軍隊，逐步形成對長安的包圍態勢。不少原先投降大齊的藩鎮也相繼倒戈。黃巢於四月主動撤出長安，並在灞上野營休整。唐軍趁機奪回長安，但隨即陷入內部分裂與混亂。

黃巢持續與唐軍交戰，並於中和二年（西元 882 年）命大將朱溫進攻同州，成功占領該地。然而，唐軍集結大軍圍剿大齊勢力，並聯合李克用的沙陀騎兵展開攻勢。黃巢逐漸陷入困境，中和三年（西元 883 年），大軍糧餉告罄，被迫放棄長安，向中原撤退。

中和四年（西元 884 年），唐廷再次集結大軍，並聯合朱溫等降將合圍黃巢。五月，黃巢在王滿渡遭到唐軍重創，部將尚讓等人相繼投降。黃巢率殘部退至狼虎谷，最終自殺，起義失敗。

黃巢之亂的影響

黃巢之亂雖以失敗告終，但對唐朝的統治造成毀滅性打擊，使得原已衰敗的唐朝進一步陷入分裂與混亂。這場長達近十年的民變席捲大半個中國，動搖了唐朝的根基，也加速了五代十國時期的來臨。儘管起義最終未能成功建立長久的政權，但其對後世的反抗運動具有深遠影響，成為中國歷史上最大規模的農民起義之一。

五代十國更迭到南北割據的亂世興亡

五代十國的形成

唐朝滅亡後，中國進入一個長期分裂的時期，形成五代十國的局面。中原地區相繼建立後梁、後唐、後晉、後漢、後周五個短命王朝，合計僅持續五十三年。其中，後梁存續最長（十六年），而後漢最短（四年）。

與此同時，南方與北方的地方勢力割據，各自建立政權，包括吳、南唐、前蜀、後蜀、南漢、楚、吳越、閩、荊南及北漢共十國。這些國家有的臣服於中原王朝，有的則獨立發展。五代十國時期，戰亂頻仍，諸侯混戰不斷。

朱溫建立後梁

五代的第一位君主 —— 後梁太祖朱溫，原為黃巢之亂軍的一員，後降唐，被唐僖宗授予軍職。隨後，他背叛黃巢，投靠唐朝，並在軍閥混戰中迅速崛起，最終成為最強大的諸侯。

朱溫透過「挾天子以令諸侯」，掌控朝政。他殺害宦官、宗室與唐臣，並強迫唐昭宗遷都洛陽。最終，他策劃弒殺唐昭宗，另立唐哀帝，成為實質掌權者。開平元年（西元 907 年），朱溫正式稱帝，建立後梁，定都開封。

後梁與晉的戰爭

朱溫稱帝後，長期與河東晉王李克用及其子李存勖對峙。李克用因平定黃巢之亂有功，被封為晉王，據守太原，與朱溫勢不兩立。

朱溫與李克用在黃河兩岸展開激戰。李克用去世後，李存勗繼位，並在柏鄉大戰中大敗後梁軍隊，改變了戰局。隨後，李存勗進攻幽州，消滅劉守光勢力，並趁後梁內部發生動亂時，率軍南下，攻破開封，滅亡後梁，建立後唐。

後唐的興衰

唐莊宗李存勗建立後唐後，決定征討西川，派遣魏王李繼岌與大將郭崇韜進軍蜀地，滅亡前蜀。然而，李存勗後來因寵信宦官與伶人，使朝政日益腐敗，最終引發魏州兵變。李嗣源（李克用養子）趁機奪取政權，登基為後唐明宗。

後唐明宗以民為本，致力於改善內政，但無力結束亂世。他死後，朝政混亂，李從珂與石敬瑭爆發衝突。石敬瑭為求自保，向契丹求援，割讓燕雲十六州，最終攻破洛陽，唐末帝自焚，後唐滅亡。

後晉依附契丹

石敬瑭在契丹支持下稱帝，建立後晉，被譏為「兒皇帝」。他對契丹極度依賴，忍辱負重，持續向契丹進貢。然而，他死後，養子石重貴試圖擺脫契丹控制，導致關係惡化。

開運三年（西元946年），契丹大軍南下，後晉在恆州戰敗，石重貴被俘，後晉滅亡。契丹主耶律德光進入開封，短暫建立大遼政權，但因無法有效治理中原，不久便撤回北方。

後漢與後周的興起

契丹撤退後，後漢高祖劉知遠奪取中原，建立後漢。他以嚴刑治國，卻因施政過於苛酷，民怨四起。劉知遠死後，漢隱帝劉承祐即位，朝廷內鬥加劇，最終爆發叛亂。郭威趁機崛起，發動兵變推翻後漢，建立後周。

後周太祖郭威實行改革，整頓內政，並著手削弱藩鎮勢力。他的養子周世宗郭榮繼位後，繼續推行改革，並發動北伐，收復被契丹占據的關鍵據點。然而，他因病去世，年幼的周恭帝繼位，政權不穩。

宋朝的建立

乾德七年（西元 960 年），周禁軍首領趙匡胤在陳橋兵變中被擁立為帝，迫使周恭帝禪讓，建立北宋。至此，五代結束，中國開始邁入新的統一時期。

十國的割據與興衰

與五代並存的十國主要割據於南方與北方，其中吳、南唐、前蜀、後蜀、南漢、楚、吳越、閩、荊南與北漢各自發展。

南方諸國的政局動盪

吳國由楊行密創立，後被徐知誥取代，建立南唐。

南唐統治江南，但最終在北宋的壓力下滅亡。

前蜀與後蜀均立國於四川，後蜀於宋朝時滅亡。

南漢與楚均位於華南，最終歸附宋朝。

吳越由錢鏐建立，較為穩定，後主動歸降宋朝。

閩國內部鬥爭嚴重，最終被南唐吞併。

荊南雖小國寡民，但成功在戰亂中生存較長時間。

北方的北漢由劉崇建立，長期依附契丹，與中原王朝對抗。最終，在北宋太宗時期被消滅。

五代十國的影響

五代十國時期雖然戰亂不斷，但也促成了地方經濟與文化的發展。例如，吳越的經濟繁榮、閩國的海外貿易，以及南唐的文化發展都對後世影響深遠。此外，五代時期的軍事變革，如禁軍制度的改革，為北宋的中央集權奠定了基礎。

雖然這段時期充滿混戰與分裂，但它也是中國歷史發展的重要轉折點，促使北宋最終完成統一，結束長達半世紀的動盪局勢。

第八章
宋遼金三國鼎立與蒙古崛起

導言

宋朝統一戰爭、宋遼對峙、宋金戰爭、南宋抗金，以及蒙古的崛起與元朝的建立，構成了中國從五代十國到元朝統一的歷史變遷。這一過程中，各朝在政治、軍事、外交等方面的選擇與應對，不僅影響了當時的政權興衰，也對後世中國的國家統軍事戰略與中央集權體制發展產生深遠影響。宋朝建立後，面臨著五代十國的割據局面。

宋初統一全國之戰（960 ～ 979 年）由趙匡胤與趙光義兄弟推動，透過「先南後北」的戰略，逐步消滅南方諸國與北方割據勢力。此戰爭的勝利使宋朝完成了形式上的統一，確立了強大的中央集權，但也因為對武將的不信任，導致軍事力量薄弱，為後來的北方戰爭埋下隱患。

宋遼之戰（979 ～ 1005 年）則是宋朝與契丹遼國的首次對

峙，宋太宗親征燕雲十六州卻遭慘敗，最終簽訂《澶淵之盟》（1005 年），形成宋遼長期和平關係。這場戰爭顯示出宋朝軍事實力的不足，促使其後續採取外交妥協政策，而遼國則在與宋和平的同時，將重心轉向遼東與蒙古草原的擴張。宋朝的對外妥協影響後世，成為明清時期中國王朝面對北方游牧政權時經常採用的策略。

宋夏之戰（1038 ～ 1044 年）則是宋朝與西夏的戰爭，西夏建立後屢次進犯宋境，宋仁宗時期雖試圖反擊，但最終未能戰勝，只能採取歲幣換取和平的方式。此戰顯示宋朝在應對邊疆少數民族政權時的防禦性策略，與後來的抗金戰爭有所不同，對後世則影響了元明清時期對西北邊疆的經營政策。

金遼之戰（1114 ～ 1125 年）象徵著遼朝的滅亡與金朝的崛起。女真人在完顏阿骨打的領導下，迅速崛起，最終消滅契丹政權，建立金朝。這場戰爭顯示了草原民族內部勢力的此消彼長，亦為金國取代遼國、進一步南侵宋朝奠定基礎。

宋金之戰（1125～1142 年）導致北宋滅亡，金軍迅速南下，攻破汴京，俘虜徽宗與欽宗（靖康之變），宋室南渡，建立南宋。此戰象徵著中國歷史進入新的割據時期，影響深遠，後世明清王朝對於皇權與邊疆防禦尤為警惕。

南宋抗金戰爭（1127 ～ 1234 年）持續百年，宋朝在岳飛、韓世忠等名將帶領下，成功抵禦金軍南侵，但最終由於內部權力鬥爭（如岳飛被害），以及議和派占據上風，宋金簽訂《紹興和議》，宋朝屈居南方。南宋雖未能北伐成功，但抗金戰爭激發了強烈的民族意識，影響後來元末與明朝初期的漢族民族主義情緒。

元朝統一全國的戰爭（1206～1279年）始於成吉思汗統一蒙古，逐步征服西夏、金國，最終由忽必烈攻滅南宋。這一戰爭過程顯示出蒙古軍事體制的優勢，包括強大的騎兵戰術、行省制度的建立等，這些制度在元朝統治期間進一步深化，影響後世中國的行政體制。

蒙宋戰爭與忽必烈的統一戰爭（1259～1279年）是中國最後一次由北方草原政權完全征服南方農業政權的戰爭。忽必烈建立元朝後，吸收漢文化，並實行多民族治理政策，但也帶來了社會分層，影響明清時期的民族政策。

元朝的對外擴張戰爭與海外遠征（1274～1293年）則顯示出蒙古帝國的全球擴張性，但在日本、越南、爪哇等地的失敗，也暴露出其對海洋作戰的不適應。這些戰爭影響了明朝與清朝的對外政策，使中國歷代王朝對海上戰爭更加謹慎。

綜合來看，宋元之間的戰爭不僅影響了中國的政治格局，也對後世的軍事戰略、民族政策與中央集權體制產生深遠影響。宋朝的文官政治與外交妥協，促成了後世中國重文輕武的傳統；而蒙古與元朝的擴張，則開啟了中國歷史上首次真正的全球性影響。這些歷史變遷，奠定了中國古代王朝更替的基本模式，也影響了後來明清時期的政治與軍事決策。

從平定後周舊勢力
到結束五代十國的割據局面

平定後周舊勢力

趙匡胤建立宋朝後，面臨統一全國的問題。首先，他必須解決後周舊將的反抗。宋太祖任命後周昭義節度使李筠為中書令，但李筠拒絕接受，並聯合北漢舉兵反宋。宋太祖親自率軍征討，並命石守信、高懷德等將領分路進攻。歷經兩個月激戰，成功鎮壓李筠的叛亂，北漢也因此撤軍。

隨後，宋太祖調任後周淮南節度使李重進為平盧節度使，李重進不服，開始整軍備戰，準備反抗。宋太祖再次御駕親征，最終在十月間擊敗李重進，使後周勢力徹底瓦解。

先南後北的戰略

在穩定內部後，宋太祖決定先攻南方割據政權，再進軍北方，統一全國。這一策略基於「先易後難」的考量，先解決較弱的南方勢力，再對抗實力強大的北漢與遼。

建隆三年（西元 962 年）九月，湖南割據者周行逢去世，其子周保權表示願意歸順宋朝。不久，衡州的張文表發動叛亂，周保權向宋廷求援。宋太祖以此為契機，命軍隊經過荊南（南平），趁勢占領該地，然後迅速平定湖南。

平定後蜀

四川地區的後蜀孟昶對宋的統一戰爭感到不安，企圖聯合北漢夾擊宋朝。然而，宋廷截獲後蜀派往北漢的密使，遂以此為藉口發動征討。

乾德二年（西元 964 年）十一月，宋太祖派兵六萬分道進攻後蜀。王全斌、崔彥進、王仁贍率軍從鳳州南下，劉光義、曹彬則從歸州沿江西進。兩軍勢如破竹，僅六十天便攻入成都，俘獲孟昶，後蜀滅亡。

平定南漢

宋太祖曾試圖透過南唐後主李煜勸降南漢國主劉鋹，但未能成功，只得發動戰爭。

開寶三年（西元 970 年）九月，宋將潘美、尹崇珂率軍南下，迅速攻克富川、賀州，隨後占領桂州（今廣西桂林）。南漢軍隊十餘萬人在韶州（今廣東韶關）與宋軍決戰，最終敗北。宋軍乘勝進軍廣州，劉鋹雖企圖頑抗，但最終被俘，南漢滅亡。

平定南唐

南唐後主李煜曾多次拒絕宋太祖的勸降。開寶七年（西元 974 年），宋軍十萬人由曹彬、潘美領軍進攻金陵。

宋太祖在出征前囑咐曹彬：「不可燒殺無辜，務求李煜自願歸降。」宋軍進軍迅速，攻占池州、銅陵、當塗等地，很快包圍金陵。次年春，南唐軍隊屢戰屢敗，金陵城被長期圍困，糧草耗盡，李煜只得請降。曹彬接納李煜歸順，將其送往開封，南唐滅亡。

和平收復吳越與閩地

宋太祖死後，宋太宗趙光義繼位，繼續推動統一戰爭。當時，南方仍有吳越國與福建的陳洪進割據。

宋朝先透過外交手段，成功說服陳洪進歸降，割讓漳、泉二州十四縣。接著，對吳越國主錢俶施加壓力，最終錢俶決定獻出十三州、一軍、八十六縣，歸順宋朝。朝廷對錢俶禮遇，封為淮海國王，其子弟與部屬多獲官職。

北伐北漢

北漢是五代十國中最後一個割據勢力。宋朝曾多次進攻北漢，但未能成功。太平興國四年（西元 979 年），宋太宗決定發動最終攻勢。

潘美任北路都招討制置使，率曹翰、崔彥進、李漢瓊等將圍攻太原。為防遼軍支援北漢，宋太宗親征，並派郭進迎擊遼軍，在白馬嶺大敗敵軍，使北漢失去援軍。

四月，宋軍圍攻太原，但敵軍頑強抵抗。五月，太宗親自督戰，宋軍士氣高昂，終於攻破太原城。北漢主劉繼元投降，名將楊業亦歸降宋朝。

統一戰爭的意義

至此，宋朝完成對五代十國割據政權的統一，恢復全國大一統。這場歷時近二十年的戰爭，不僅結束了五代十國的分裂局面，也為宋朝中央集權制度奠定了基礎，成為中國歷史上重要的統一戰爭之一。

宋朝北伐與澶淵之盟

企圖收復燕雲十六州

北漢滅亡後，宋太宗乘勝揮軍北進，企圖一舉收復後晉割讓給遼國的燕雲十六州。當宋軍進至燕京（今北京）外圍時，遼國東易州（河北易縣）、涿州（河北涿縣）等地的官員紛紛降宋，燕京城內人心浮動。然而，遼國大將耶律休哥率援軍抵達，在城西門外的高梁河大敗宋軍，宋太宗倉皇撤退，宋軍潰不成軍，丟棄大量兵器與糧食，這場收復燕雲的戰爭宣告失敗。

雍熙北伐

雍熙三年（西元986年），宋太宗再次發動北伐，分東、中、西三路進攻。東路軍由曹彬率領，從雄州進逼燕京；中路軍由田重進指揮，從定州進攻蔚州；西路軍則由潘美為主帥，楊業為副帥，出雁門關，進攻遼國山後諸州。

戰爭初期，中、西兩路軍進展順利，尤其是楊業率軍接連攻下雲（今山西大同）、應（今山西應縣）、寰（今山西朔縣東）、朔（今山西朔縣）四州。然而，東路軍為爭功冒進，導致戰局混亂，被遼軍擊潰，影響全局，宋軍開始全面撤退。遼軍乘勢反擊，宋軍退守代州。

此時，雲、朔等州的百姓不願再受遼國統治，要求遷入宋朝境內。宋太宗下令保護邊民撤離，潘美與楊業在代州召開緊急會議商討對策。楊業主張以機動戰術減緩遼軍攻勢，讓百姓有足夠時間撤離，卻遭監軍王詵與劉文裕反對，堅持正面迎戰。楊業被迫出戰，並要求潘美於陳家谷口設伏以策應，然而潘美未能及時支援。楊業孤軍奮戰，自午至晚，最終寡不敵眾，被俘後絕食三日而亡。此戰失敗後，宋朝對遼國轉為守勢。

澶淵之盟

十八年後，宋真宗景德元年（西元1004年），遼軍大舉南侵，直逼黃河北岸的澶州（今河南濮陽）。朝廷震撼，經過一番爭論後，宋真宗決定親征。宰相寇準力勸真宗親臨前線，以激勵士氣。當皇帝現身北城門樓時，宋軍士氣大振，反之遼軍則感到震驚。

戰爭膠著之際，遼軍名將蕭撻覽陣亡，遼軍士氣受挫，遂提出和談。寇準原本主張繼續進攻，逼迫遼國割讓幽州，但宋真宗厭戰，最終選擇談判。雙方達成《澶淵之盟》，主要內容包括：

- 宋遼維持舊疆，約為兄弟之國，宋真宗年長為兄，遼聖宗年幼為弟。
- 宋朝每年給遼國銀十萬兩、絹二十萬匹（稱為「歲幣」）。
- 兩國沿邊州縣各守邊界，不得互相侵犯。

《澶淵之盟》緩和了宋遼關係，北方戰爭暫時平息，使經濟得以恢復發展。此後數十年間，宋遼之間未再爆發大規模戰爭。

宋夏戰爭與西北勢力的崛起

夏國的崛起

唐末以後，西北地區由李氏家族世襲統治。太平興國七年（西元 982 年），定難軍節度使李繼捧向宋朝投降，割讓所轄五州，並遷居開封。然而，李繼捧的族弟李繼遷反對，逃往夏州北部，聯合党項族勢力壯大自身。宋朝採取高壓政策圍剿，卻適得其反，反而助長李繼遷的發展。

宋軍北伐遼國時，遼國封李繼遷為「夏國王」，並與之聯姻，使其成為抗宋勢力。李繼遷利用此機會於咸平五年（西元 1002 年）攻陷宋朝西北重鎮靈州（今寧夏銀川），建立新的政治中心。李繼遷死後，其子李德明繼位，並表示願與宋和好。宋真宗授李德明為定難軍節度使與平西王，宋夏戰爭暫告平息。

西夏建國與戰爭爆發

李德明與宋和好後，積極擴展勢力，並遷都懷遠（今甘肅）。大中祥符九年（西元 1016 年），李德明自稱皇帝，改元「夏太宗」。宋朝試圖限制其稱帝行為，於明道元年（西元 1032 年）冊封李德明為「夏王」，但西夏仍持續發展。

夏太宗死後，其子元昊繼位，為夏景宗，正式建國稱帝，並與宋朝決裂。宋朝不承認其合法性，削奪官爵，懸賞元昊首級，導致戰爭頻發。

宋夏戰爭與議和

夏景宗（元昊）擅長用兵，在三川口、好水川、定川砦等戰役中擊敗宋軍。他巧用伏擊戰術，例如在好水川之戰，先於路旁置泥盒，內藏百餘鴿子，待宋軍開啟盒蓋，群鴿驚飛，吸引宋軍注意，隨即趁機突襲，大敗宋軍。

宋軍在三次大戰中皆敗，宋夏皆感困頓。慶曆四年（西元1044年），雙方議和，西夏向宋稱臣，宋則每年給予歲賜，包括絹十三萬匹、銀五萬兩、茶葉兩萬擔，並在節日另有賞賜。

北宋後期的宋夏戰爭

宋神宗熙寧四年（西元1071年），為斷西夏外援，命王韶進軍河湟，成功拓地兩千里，建立西河路。元豐四年（西元1081年），趁西夏內亂，宋軍五路進攻，然而因內部不和，戰局失利，最終退兵。

元豐五年（西元1082年），西夏攻陷永樂城（今陝西米脂），宋軍遭受重大損失。元豐六年，夏軍圍攻蘭州與麟州，戰爭頻仍。最終，夏主秉常遣使求和，宋神宗亦厭戰，雙方達成和議。

宋徽宗時期，宋朝再度發動對西夏的戰爭，西夏因國勢衰弱，多次向宋求和，戰爭呈現時戰時和的局面。

鼎足之勢的形成

至北宋末期，宋、遼、西夏形成三國鼎立的局勢，彼此互有攻守，但基本維持平衡。這一局勢一直持續到金朝興起，改變了北方的政局。

金遼之戰：遼朝的衰落與金朝的崛起

遼朝後期的動盪與女真族的反叛

遼朝到了後期，政治腐敗，民心渙散。居住於遼國北部的女真族長期受到遼朝的壓迫與掠奪，終於群起反叛。女真完顏部的首領阿骨打聯合各部，起兵對抗遼朝。他派人至遼朝，以要求遣返逃亡者阿疏為由，試探遼朝內部情勢，得知天祚帝荒淫怠政後，決定正式發動戰爭。

阿骨打召集遼朝所屬的各部耆老，命令他們於戰略要地加強防備，修築城堡，儲備武器，以應戰局變化。遼朝統軍司得知此事後，派遣節度使捏哥前往質問女真人備戰的目的。阿骨打則以「設防自保」為由迴避質疑。遼朝仍不放心，又派阿息保前來責問，阿骨打這次態度強硬，直指只要遼朝交出阿疏，雙方仍可維持臣屬關係，否則女真將不再受制於遼朝。此舉等同正式向遼朝宣戰，遼朝因此開始戰爭準備。

寧江州戰役：女真軍的首戰告捷

遼朝為了加強對女真的防禦，在寧江州增派軍隊。此地是遼朝與女真之間的重要交通要道，對遼軍戰略意義重大。阿骨打密切關注寧江州的動向，派遣使者再度要求遣返阿疏，藉此探查遼軍的實力。探子回報遼軍人數眾多，但阿骨打不以為然，認為遼軍剛開始調動，不可能短時間內集結大軍。他再次派人偵查，發現寧江州僅有八百名士兵駐守，於是決定先發制人，率領兩千五百名女真戰士進攻寧江州。

天慶四年（西元1114年）九月，阿骨打率軍進攻寧江州，以要求遣返阿疏為藉口，同時指責遼朝對完顏部的功勞不予褒獎，反而不斷打壓女真人。他誓師伐遼，拉開遼朝滅亡的序幕。隔日，女真軍便攻陷遼國東北重鎮寧江州。當時，天祚帝正在慶州狩獵，聽聞此事卻毫不在意，僅派遣渤海軍前往增援，遲至十月才命內兄蕭嗣先率領九千士兵迎戰。然而，遼軍在出河店與女真人交鋒後迅速潰敗，九千名士兵中僅十七人倖存逃回。

女真軍的擴張與戰略布局

阿骨打對俘虜採取分化瓦解政策，釋放部分渤海族將領，使他們返回勸降遼軍。他也派遣使者勸說遼籍女真人投降，成功削弱遼軍戰力，壯大自身勢力。戰後，他重整女真的軍事組織，以「謀克」制度為基礎，每三百戶為一謀克，十謀克為一猛安。此舉大幅削弱舊有的部族組織，進一步統一女真各部。

戰事持續進行，遼朝派遣蕭嗣先在出河店駐軍五千人防守。然而，他誤判形勢，認為女真軍不會輕易渡江進攻，結果女真軍於同年十一月渡過混同江發動奇襲。遼軍大敗，許多將領戰死，蕭嗣先則倉皇逃命。女真軍趁勢追擊，俘獲大量軍馬、武器與物資。此戰後，女真軍隊達到萬人規模，遼人曾言：「女真滿萬，天下無敵」，此時這支軍隊的實力已然不可忽視。

金朝建立與遼朝的衰亡

同年十一月，阿骨打在眾將擁立下稱帝，建立金朝，年號收國。他廢除與國相撒改分治女真各部的舊制，著手統一女真各部。即位後，他立即發兵攻打黃龍府（今吉林農安）。天祚帝雖然宣布「親征」，但遼軍無力對抗女真，因此天祚帝試圖與金議和。然而，他仍擺出天朝上國的姿態，要求金朝繼續作為臣屬，導致談判破裂。

西元 1121 年，天祚帝集結號稱七十萬大軍，誓言徹底剿滅女真。然而，金太祖對勝利充滿信心，故意以卑詞向遼請和，實則激怒天祚帝，成功促使遼朝大舉出兵。然而，遼軍內部爆發叛亂，都統耶律章奴意圖廢黜天祚帝，導致遼軍無法全力對抗女真。趁此機會，金太祖在天祚帝回師鎮壓內亂時，大敗遼軍，天祚帝僅能倉皇逃亡。

不久後，渤海族將領高永昌亦在遼境內發動叛亂，使遼朝進一步陷入危機。西元 1120 年，金軍攻克遼朝上京，並與宋朝達成聯合滅遼協議。翌年，遼都統耶律余睹投降金朝，使金軍獲得遼朝內部詳情。至此，金太祖已做好徹底消滅遼朝的準備。

西元 1122 年，金軍攻占遼中京與西京，天祚帝逃至夾山（今內蒙古境內）。同年底，金軍攻占燕京，遼朝正式滅亡，金朝成為中國北方的霸主。

歷史意義與影響

金遼之戰不僅改變了北方的政治格局，也影響了整個東亞歷史。金朝的崛起使得北宋受到巨大壓力，促成日後靖康之變，南宋的建立。此戰也顯示了游牧民族軍事改革的成功，女真族透過嚴密的軍事組織與靈活戰術，迅速崛起並推翻遼朝統治，開創金朝的輝煌時代。

宋金之戰：北宋的滅亡與金朝的崛起

伐宋的導火線：張玨事件

金朝滅遼後，金太宗吳乞買將目標轉向北宋，尋找戰爭的藉口。此時，「張玨事件」為金朝提供了伐宋的機會。

張玨原為遼朝平州（今中國河北盧龍）守將，堅決不降金，後來歸附宋朝，被宋朝任命為泰寧軍節度使，世襲平州。金軍進攻平州時，被張玨擊退，但隨後張玨在出城接受宋朝獎賞時，遭金軍突襲，只能倉皇逃亡。金朝隨即向宋朝索要張玨，但宋朝無力對抗，先是派遣一名相貌相似者的首級欺騙金人，結果被識破。最後，宋朝被迫將張珏縊死，並送上他的真實首級。此舉暴露了北宋的軟弱，使金太宗更加堅定伐宋的決心。

金軍南下與北宋的潰敗

天元三年（1125 年）十月，金太宗命令諸將伐宋，以斜也為都元帥，統帥軍隊於會寧府；粘罕為副元帥，斡不離為南京都統，率領兩支軍隊分別自西京（今山西大同）與南京（今中國河北盧龍）出發。當時宋朝毫無防備，粘罕派人至太原要求宋朝割讓河東、河北，以黃河為界。宋軍統帥童貫聽聞此事後驚恐萬分，未經請示便倉皇逃回汴京，導致太原迅速被金軍包圍。同時，斡不離軍隊從平州出發，接連攻下檀州與薊州，並獲郭藥師率部投降，燕山地區也全數陷落。

金軍南下後，宋徽宗命內侍梁方平率軍駐守黎陽，但梁方平的部隊未戰先潰，金軍迅速逼近汴京。面對金軍威脅，徽宗無計可施，竟試圖讓位太子以求脫身。然而，大臣吳敏等人強烈反對，徽宗只好暫時做出堅守的姿態，並下罪己詔。然而，他依舊不改逃亡計畫，當西北的姚古、種師道率軍來援時，徽宗仍執意離開汴京。最終，在大臣們的勸說下，他將皇位傳給太子，即宋欽宗，自稱「道君太上皇帝」，退居龍德宮。靖康元年（1126 年）初，徽宗在蔡攸等人的護衛下，向東南逃亡，童貫、蔡京等人緊隨其後。

宋廷內部分裂與京城的防禦

徽宗的逃亡嚴重動搖了民心，朝廷內部亦發生激烈爭論，形成主戰與主和兩派。堅決抗金的李綱向宋欽宗陳述抗金之策，主張整頓軍隊，安定民心，堅守京城，等待援軍。他被任命為尚書右丞兼京師守禦使，負責汴京防務。他迅速整頓軍備，訓練士兵，強化城防，準備迎戰。

正月七日，金軍抵達汴京城下，當晚即攻打西水門。李綱親率軍隊迎戰，成功擊退金軍多次進攻。金軍見宋軍防禦嚴密，遂假意談判，派使者入城。宋欽宗對和談抱有幻想，派同知樞密院事李稅前往金營議和。李稅在談判中完全接受金朝的苛刻條件，包括宋朝須向金朝進貢黃金五百萬兩、白銀五千萬兩、牛馬萬頭、緞百萬匹，並割讓太原、中山、河間三鎮。此外，還須遣送親王與宰相為人質。儘管如此，金軍仍不願立即撤軍，繼續圍困汴京。

此時，十多萬宋軍陸續抵達汴京城外，主戰派計劃統一指揮城內外軍隊，但投降派暗中阻撓，導致宋軍指揮系統混亂。宋軍主將种師道被排擠，欽宗未經商議便允許姚平仲偷襲金營，結果慘遭失敗。投降派李邦彥趁機向欽宗進言，要求撤換李綱與种師道，並向金人謝罪。然而，這一決策激起太學生陳東等人的請願運動，迫使欽宗恢復李綱與种師道的職務。此時，金軍因無法迅速攻下汴京，加上太原仍在抵抗，遂決定撤軍回河北。

靖康之變：北宋的滅亡

金軍撤退後，宋廷未能吸取教訓，欽宗誤以為和議穩固，不僅未作備戰，反而壓制輿論，並與退位的徽宗內鬥，錯失戰略機會。靖康元年（1126年）十一月，金軍再度發動攻勢，控制河東、河北後，分東西兩路直取汴京。

當時宋軍在汴京有七萬人，加上外圍援軍，共約二十萬人。然而，正值冬天，守城士兵衣物單薄，嚴重影響戰力。欽宗巡視城牆後，仍不願動用國庫資源為士兵添置禦寒衣物。更荒唐的是，他竟聽信道士郭京所謂「六甲神兵」能擊退金軍，任命郭京統領七千七百七十七人組成的「神兵」。然而，這些「神兵」僅知享樂，從未作戰。當金軍發起猛攻時，郭京的部隊一觸即潰，汴京防線迅速崩潰，金軍長驅直入。

汴京失守後，金軍展開大肆掠奪，將城內財物洗劫一空，並俘虜徽宗、欽宗及大量皇族、官員，史稱「靖康之變」。至此，北宋滅亡，結束了一百六十多年的統治。

北宋滅亡的教訓

宋金之戰暴露了北宋政治與軍事的深層問題。徽宗與欽宗昏庸無能，對內奢侈腐敗，對外優柔寡斷，錯失多次自救機會。此外，宋廷內部派系鬥爭嚴重，導致決策混亂，無法有效統一戰略。相比之下，金軍則戰略明確，軍紀嚴明，迅速壯大並成功滅宋。

北宋滅亡後，宋室遺族南遷，建立南宋。然而，南宋與金朝之間的對抗仍然持續數十年，為後來的宋金對峙格局埋下伏筆。宋金之戰不僅改變了中國的政治版圖，也影響了整個東亞的歷史發展。

南宋抗金戰爭：堅持與妥協的歷史抉擇

南宋的建立與初期的抗金行動

1127 年四月，金軍攻滅北宋。同年五月，時任河北兵馬大元帥的康王趙構在應天府（今河南商丘）即位，建立南宋政權，史稱宋高宗。然而，宋高宗對於保衛黃河以南的中原地區缺乏信心，不敢返回開封，而是率領朝廷逃往揚州，以躲避金軍進攻。

當年十二月，金軍兵分三路，大舉進攻山東、河南與陝西，企圖徹底摧毀南宋政權。次年春，金軍派遣輕騎長途奔襲揚州，宋高宗倉皇逃往杭州。九月，金軍更是渡江南侵，金將完顏宗弼率領東路軍攻陷建康（今南京），宋將杜充向金軍投降，導致宋軍潰散。宋高宗帶領朝廷官員一路南逃至越州（今紹興）、明州（今寧波），甚至輾轉至定海，最後搭船逃往溫州。直到建炎四年（1130 年）夏季，金軍因南宋軍民持續抗擊而撤出江南，宋高宗才得以返回越州，並在局勢穩定後，於臨安（今杭州）定都，形成南宋偏安局面。

初期抗金勢力的崛起

南宋初期，全國抗金運動風起雲湧，中原地區的百姓面對金軍的殘暴統治，紛紛組織義軍抗金。河南的紅巾軍、河北的「八字軍」、張榮的梁山泊水軍、趙邦傑與馬擴的五馬山義軍等，都是當時著名的抗金武裝力量，對金軍造成嚴重打擊。此外，南宋東京留守宗澤也積極整頓開封防務，聯絡各地義軍，使開封成為堅固的抗金據點，成功兩次擊退金軍大舉進攻。

1130 年秋，陝西宋軍集中兵力進行反攻，金軍隨即集結重兵迎戰。富平之戰，宋軍失敗，被迫撤守蜀口，以確保四川的安全。然而，紹興元年（1131 年），宋將吳玠率軍在和尚原之戰中成功擊敗金軍，給予金朝自滅遼與滅北宋以來的首次重大挫敗。紹興三年（1133 年），金帥完顏杲率領四萬金軍（號稱十萬）繞道千里進入漢中，但因糧草補給困難，不得不於四月北撤，途中遭宋軍襲擊，損失慘重。紹興四年春，吳玠又在仙人關之戰中再次擊敗完顏宗弼率領的十萬金兵，使金軍被迫放棄南侵四川的計畫，川陝戰局得以穩定。

岳飛的北伐與南宋的反攻

紹興四年（1134 年），金朝扶植劉豫建立偽齊政權，並指揮其軍隊攻陷襄陽與郢州，使南宋長江中游的防線出現缺口。在此情況下，岳飛受命北伐。他率軍於五月至七月間連克郢州、隨州與襄陽府，並在襄陽府附近擊敗偽齊將領李成的反攻，成功收復襄陽六郡。這是南宋第一次北伐，雖屬區域性反攻，但政治上卻極大鼓舞了南宋軍民的抗金士氣。

紹興六年（1136 年），岳飛再度發動兩次北伐，收復大量失地。然而，南宋內部抗金派與投降派之間的鬥爭日趨激烈。宋高宗雖有時支持抗金，但主要目的在於穩定政權，而非真正統一全國。他擔憂若金朝被擊敗，北宋被俘的徽、欽二帝將被釋放，而自己作為南宋皇帝的地位將受威脅。因此，他始終猶豫不決，未能全力支持抗金戰爭。

宋金第一次議和與再戰

1138 年，金熙宗即位，朝廷內主和派掌權，積極推動與南宋和談。宋高宗聞訊大喜，立即任命投降派代表秦檜為右相，全面壓制抗金言論，排擠主戰派官員，並派秦檜主持議和。紹興九年（1139 年），南宋與金朝簽訂第一次《紹興和議》，向金朝稱臣，並每年納銀二十五萬兩、絹二十五萬匹，而金朝則歸還河南與陝西部分地區，宋金第一次戰爭暫告結束。

然而，紹興十年（1140 年），金朝內部主戰派完顏宗弼奪權，隨即撕毀和約，再度南侵。岳飛迅速北伐，收復洛陽與鄭州，並於郾城之戰與潁昌之戰中擊潰金軍。金軍戰敗後驚恐萬分，稱：「撼山易，撼岳家軍難！」岳飛的軍隊更在朱仙鎮迫近開封，直指金朝核心地帶。

然而，宋高宗在戰事大勝之際，卻突然下令班師，並於次年解除岳飛、韓世忠、張俊等將領的兵權，再次與金朝簽訂第二次《紹興和議》。南宋向金稱臣，每年納歲幣，並割讓部分領土給金朝。秦檜隨後製造冤案，將岳飛父子與部將張憲殺害，徹底打壓抗金派，此後十餘年間，南宋政權陷入政治迫害與文字獄之中。

宋金再戰與最終決戰

1161 年，金朝海陵王完顏亮發動大規模伐宋戰爭，史稱宋金第三次戰爭。南宋水軍在唐島海戰中殲滅金軍艦隊，迫使金軍南侵計畫受挫。此後，金軍內部爆發叛亂，完顏亮被殺，金軍撤回北方。

1217 年，南宋趁金朝與蒙古交戰之際，發動第四次北伐，但因軍事準備不足而失敗。嘉定元年（1208 年），南宋在主和派的壓力下與金朝簽訂《嘉定和約》，歲幣增至每年銀絹三十萬兩、匹，南宋屈辱求和。

1234 年，蒙古與南宋聯軍圍攻蔡州，金哀宗兵敗自縊，金朝滅亡。宋金長達百年的戰爭最終以金朝的滅亡告終，南宋則面對更強大的蒙古，迎來新的生死存亡之戰。

南宋抗金的歷史意義

南宋的抗金戰爭展現了民族堅韌不拔的精神，岳飛、吳玠等將領的英勇奮戰成為後世典範。然而，南宋政權內部的偏安思想與政治鬥爭，導致多次錯失統一良機。最終，金朝雖然滅亡，但南宋也未能長久延續，蒙古的威脅接踵而至，為中國歷史開啟新的篇章。

從成吉思汗統一草原到滅金之戰的擴張歷程

蒙古的崛起與大蒙古國的建立

1189 年，蒙古部貴族推舉鐵木真為可汗，經過十餘年的征戰，他成功擊敗各大部落，統一蒙古高原。1206 年，鐵木真在斡難河畔召開忽里勒台大會，建立大蒙古國，自稱成吉思汗，後世尊稱元太祖。當時的中國仍處於分裂狀態，分為金朝、西夏和南宋，這種局勢已持續百餘年。統一中國成為成吉思汗的重要目標。

征服西夏與金朝

成吉思汗在建國後的第二年（1207 年）便對西夏發動進攻，連續兩年迫使西夏稱臣納貢。為確保側翼安全，他決定對金朝展開戰爭。

1211 年，成吉思汗親率蒙古軍進攻金朝，於野狐嶺之戰大敗金軍四十萬主力，屍橫百里，金軍潰敗。1213 年，蒙古軍突破居庸關，木華黎派哲別繞道紫荊關，擊敗金將術虎高琪。翌年，蒙古軍兵臨金朝首都中都（今北京），迫使金宣宗割地納貢求和，並遷都汴京（今開封），以躲避蒙古攻勢。

成吉思汗並未罷休，1215 年再度進攻，攻克中都，並派木華黎征戰遼東，攻下高州、東京（今遼寧遼陽），大敗金軍二十萬。至此，金朝東北疆域大部分被蒙古掌控。

成吉思汗西征與滅西夏

1219 年，成吉思汗發動大規模西征，命木華黎繼續進攻金朝。蒙古軍改變單純掠奪的作戰方式，開始在中原建立統治，並利用漢族地主穩定地方政權。

1225 年，西征結束後，成吉思汗決心徹底消滅西夏。次年，蒙古大軍十萬人南下，越賀蘭山，順河西走廊進軍，攻克沙州、肅州、甘州與西涼，並包圍西夏首都中興府（今寧夏銀川)。1227 年，成吉思汗在六盤山地區染病，但仍堅持攻戰。他在臨終前命令封鎖死訊，以防西夏反抗，並指示繼承人窩闊臺完成滅金計畫。同年，西夏滅亡，成吉思汗逝世。

元太宗窩闊臺的滅金戰爭

1229 年，窩闊臺即位為元太宗，依照成吉思汗的戰略，對金朝發動總攻。蒙古軍分兩路自山東與山西進攻，並命拖雷率軍南下，向南宋借道漢中，從鄧州突入金朝南部。金哀宗聞訊，命主力部隊千里回防，結果在大雪中與蒙古軍交戰，慘遭敗北。

1232 年，蒙古軍包圍金朝首都汴京（今開封），金哀宗見糧盡無援，棄城逃至蔡州（今河南汝南）。1234 年，蒙古軍與南宋聯手攻破蔡州，金朝滅亡。至此，金朝統治北方的歷史告終，蒙古成為中國北方的霸主。

蒙宋戰爭與忽必烈的統一戰爭

進攻大理與西南地區

1252 年，忽必烈受命出征雲南的大理國。當時大理國已衰落，蒙古軍迅速攻陷大理城，國主段興智與權臣高太祥試圖突圍，但高太祥被殺，段興智逃往昆明。忽必烈入城後，下令止殺，以穩定地方政權。翌年，他返回北方，由兀良哈台鎮守雲南，並繼續南下進攻交趾（今越南），進而控制整個西南地區。

釣魚城之戰與宋蒙長江對峙

1258 年，蒙古憲宗蒙哥親率大軍攻打四川，進攻合州（今重慶合川）。然而，宋將王堅堅守釣魚城，蒙古軍久攻不下，蒙哥在此戰中因水土不服病逝。此役被稱為釣魚城大捷，迫使蒙古軍撤退。

忽必烈聞訊後，急忙北返爭奪汗位，並與南宋短暫議和。然而，當他於 1260 年即位為元世祖後，決心完成統一戰爭。

襄陽之戰與南宋的衰亡

1261 年，宋將劉整降蒙，建議元軍先取襄陽，切斷南宋的防線。自 1268 年起，元軍圍攻襄陽，並使用回回炮（早期火炮）擊破城防。1273 年，襄陽與樊城相繼失守，南宋防線被徹底突破。

1275 年，元軍統帥伯顏率軍大舉南下，順漢水而下，攻陷荊湖，並在丁家洲大戰中擊潰宋軍水師主力，徹底掌控長江流域。次年，元軍分路包圍臨安（今杭州），宋恭帝投降，南宋滅亡。

南宋殘軍的最後抵抗

南宋滅亡後，部分忠臣如張世傑、陸秀夫與文天祥仍率軍頑強抵抗。1279 年，元軍在崖山海戰中擊敗南宋最後的抵抗勢力，陸秀夫抱著年僅八歲的宋帝昺投海自盡，南宋徹底滅亡，元朝統一中國。

元朝統一戰爭的歷史影響

元朝的統一戰爭歷時七十餘年，橫跨東亞、西亞，改變了中國歷史的進程。蒙古軍憑藉高度機動性與強大戰略布局，成功消滅西夏、金朝與南宋，建立起元朝，成為中國歷史上首次由游牧民族建立的全國性王朝。

然而，元朝的統治並未能完全融合漢族與其他民族文化，蒙古貴族對中原地區的治理方式與傳統王朝有所不同，這也為日後的元末動亂與明朝的建立埋下伏筆。儘管如此，元朝的統一戰爭不僅改變了中國歷史，也深遠影響了歐亞大陸的文明交流與發展。

蒙古西征與歐亞大陸的征服

蒙古西征與中亞征服

元太祖成吉思汗在統一蒙古後，將目光轉向西域，展開一系列遠征。當時，花剌子模（今烏茲別克、土庫曼一帶）是西域的一大強國。1218 年，成吉思汗派遣五百名回回商隊赴花剌子模貿易，卻遭到當地守將殺害。成吉思汗震怒，派使者要求懲凶，然而花剌子模不僅拒絕，還殺害蒙古使節。此舉使成吉思汗決心發動戰爭，1219 年，蒙古大軍十萬人分四路進攻花剌子模。

蒙古軍迅速攻陷該國各大城池，國王摩訶末逃亡，最終病死於裏海小島。其子札蘭丁繼續抵抗，但最終不敵蒙古軍，跳入印度河逃亡。成吉思汗對他的英勇表示敬佩，甚至下令不准放箭射殺他。1223 年，蒙古軍撤回，但二皇子察合臺留守西域，後來建立察合臺汗國，統治該地達 145 年（1225 ～ 1370）。

歐洲遠征與欽察汗國的建立

1235 年，元太宗窩闊臺在忽里勒台大會上決定發動對歐洲的西征。由拔都（成吉思汗長子朮赤之子）率領蒙古軍隊，速不臺為先鋒，目標是滅亡東歐與中歐的國家。

1237 年，蒙古軍滅今俄羅斯的不里阿幾和欽察，隨後進入斡羅思（俄羅斯）地區。1241 年，蒙古軍進入波蘭、匈牙利、奧地利、南斯拉夫，震撼整個歐洲。然而，1242 年，元太宗去世，蒙古軍撤回，拔都於伏爾加河流域建立欽察汗國，統治時間長達 118 年（1243 ～ 1361）。

蒙古西征與伊利汗國

1256 年，元憲宗命成吉思汗之孫旭烈兀統領西征軍，消滅波斯北部的亦思馬因教派，隨後進攻阿巴斯王朝的首都巴格達（今伊拉克），1258 年攻陷該城，俘殺最後一任哈里發，使該王朝滅亡。蒙古軍繼續西進，直抵敘利亞，但在與埃及馬木路克王朝的戰爭中失敗，最終撤退至波斯，建立伊利汗國（1265 ～ 1352）。

從日本戰役到東南亞征討的挑戰與挫敗

日本遠征

元世祖忽必烈滅宋後，意圖征服日本。1274 年，他派遣元將忻都、洪茶丘率領 1.5 萬兵力從高麗出發，發動第一次征日戰爭。蒙古軍雖成功登陸，但後援不足，加上暴風雨，損失慘重，被迫撤退。

1279 年，忽必烈統一中國後，再次發動第二次征日戰爭

(1281 年)，動員十餘萬大軍與九千艘戰船。然而，當元軍準備深入日本內陸時，颱風突襲，船隻大部分沉沒，餘軍遭殲滅。這場災難被日本人稱為「神風」，是日本歷史上抵禦外敵的關鍵時刻。忽必烈雖計劃第三次遠征，但因內政困難與反對聲浪而作罷。

占城與爪哇遠征

占城（今越南中南部）是元朝前往東南亞的重要貿易路線之一，但占城多次扣留元朝使者，忽必烈於 1280 年派唆都率軍征討，卻遭占城人民頑強抵抗，最終無法取勝，被迫撤軍。

1292 年，元世祖派軍遠征爪哇（今印尼），當時爪哇正發生內亂，元軍一度幫助當地政權取勝。然而，當地軍隊隨後突襲蒙古軍，導致元軍敗退，遠征失敗。

元朝海外擴張的總結

元朝的對外擴張戰爭橫跨歐亞大陸，征服西域、波斯與東歐地區，建立察合臺汗國、欽察汗國與伊利汗國。然而，元朝的海外遠征並未取得成功，日本、占城與爪哇戰役皆以失敗告終，顯示蒙古軍隊雖長於陸地征戰，卻不擅長海上作戰。

這些戰爭雖擴大了元朝的影響力，但也耗費大量國力，加深了國內的不滿，為日後的元末動亂埋下伏筆。

第九章
明清交替與近代中國的開端

導言

明清時期的歷史變遷深刻影響了中國的政治格局、社會發展和國際關係。從朱元璋建立明朝到鴉片戰爭前夕，中國經歷了從統一到分裂，從盛世到衰敗的轉變。這一時期的重大戰爭，包括明朝的統一戰爭、內部內戰、對外戰爭，以及清朝入主中國後的統治鞏固戰爭，皆對後世產生深遠影響。

朱元璋在元朝末年的混亂中崛起，最初作為紅巾軍一員，最終擊敗群雄，建立明朝。朱元璋的統一戰爭奠定了明朝疆域，但同時，他對功臣的猜忌和大規模清洗，削弱了明朝初期的政治穩定。這種政治高壓政策影響到明朝後期，導致朝政腐敗，為清朝的興起埋下伏筆。

明朝初期的內戰，尤其是靖難之役，改變了明朝的政治結構。燕王朱棣發動「靖難之役」，推翻建文帝，奪取皇位，即位為明成祖（永樂帝）。靖難之役後，明成祖遷都北京，加強中央集權，並進行大規模北伐蒙古、開展鄭和下西洋。然而，內戰對明朝的統治穩定造成一定影響，使地方勢力與中央權力的鬥爭更為激烈。

明朝在對外戰爭中也面臨諸多挑戰，其中土木堡之戰（1449年）最為慘烈。明英宗親征蒙古，遭遇也先伏擊，全軍覆沒，英宗被俘。此戰暴露了明朝對北方防禦的漏洞，使得邊境安全成為明清時期的重要課題。此後，明朝採取了防禦戰略，包括修建長城、強化邊防軍，這種戰略一直延續至清朝，影響中國邊疆政策的發展。

16 世紀中葉，倭寇頻繁侵擾中國沿海，明朝發動平倭戰爭，由戚繼光、俞大猷等將領率軍討伐，最終成功平定倭寇。這場戰爭促使明朝加強海防，影響後世的海防政策，也顯示出明朝軍事戰略的靈活性。然而，明朝對海外貿易的限制，使得民間私貿與倭寇活動持續存在，導致清初的海禁政策繼承了明朝對海上勢力的戒備心態。

明朝後期因內部腐敗與財政困難，無力應對內外挑戰。明朝抗清戰爭（1618 ～ 1644 年）是明朝滅亡的關鍵戰爭。努爾哈赤統一女真後，發動對明戰爭，逐步奪取遼東。皇太極繼位後，進一步鞏固後金（後改國號為清）的勢力，並策動內部離間計，導致明軍名將袁崇煥被殺，遼東防線瓦解。此戰影響深遠，使得明朝防禦體系崩潰，直接導致後來的李自成攻入北京，明朝滅亡。

李自成農民起義（1644 年）爆發於明朝內憂外患之際，因賦稅沉重、天災頻發，農民軍在陝西起義，迅速攻陷北京，推翻明朝。然而，李自成的政權未能穩固，施政不當，加上吳三桂引清軍入關，最終導致清朝取代明朝，建立滿洲統治。

清王朝入主中原（1644 年），象徵著中國歷史上又一次民族政權更替。清朝透過「剃髮令」、圈地政策與屠城，強行推行滿洲統治模式，引發漢族強烈反抗，如南明復明運動與各地反清起義。清軍以武力鎮壓，加上招降納叛的策略，最終穩定政權。

澎湖海戰（1661 ～ 1683 年）是清朝統一戰爭的重要一環。鄭成功攻下臺灣，趕走荷蘭殖民者，建立反清基地。其後，鄭氏政權繼續抗清，直至 1683 年，清軍施琅攻取臺灣，統一中國全境。此戰影響深遠，使得臺灣正式納入中國版圖，清朝進一步強化海防政策，影響到後來的對外貿易與外交關係。

平定「三藩之亂」（1673 ～ 1681 年）是清朝鞏固統治的關鍵戰爭。吳三桂、耿精忠、尚可喜掌控雲南、廣東、福建，形成「三藩」割據局面，威脅清朝中央政權。康熙帝決定削藩，引發吳三桂等人反叛。歷經八年戰爭，清軍最終平定三藩，確立中央集權，奠定清朝穩定統治的基礎。

綜合來看，明清時期的戰爭對中國歷史影響深遠。明朝的軍事策略影響後世，包括邊防建設、海防強化、軍隊體制改革等。清朝的入主與統治則改變了中國的民族格局，影響漢滿關係與統治結構。此外，澎湖海戰確立臺灣為清帝國的一部分，而三藩之亂的平定則進一步強化中央集權，使得清朝得以延續長達兩百年的統治。這些戰爭不僅改變了當時的政治格局，也影響了後來中國的國家戰略與治理模式。

朱元璋登基：從流民到開國皇帝的崛起

元朝末年的動亂與紅巾軍起義

元朝末期，政治腐敗，民生困苦，蒙古統治者的苛政激起民間強烈不滿。北方的白蓮教教主韓山童以「彌勒佛下生，明王出世」為號召，廣收門徒，策動反抗元朝的計畫。元至正十一年（1351 年），韓山童與信徒劉福通、羅文素等人發動起義，組織「紅巾軍」，並成功號召大量百姓加入。

元廷驚恐萬分，派遣赫廝、赤禿率領阿速軍（來自高加索地區的外籍兵團）進剿，然而阿速軍不習水戰、不服水土，戰力大減，最終戰死者過半，赫廝亦戰死。劉福通趁勢攻占淮北，起義軍迅速壯大至十萬人。雖然韓山童於九月被捕處死，但劉福通仍持續進攻，至正十五年（1355 年）迎立韓山童之子韓林兒於亳州稱帝，國號「宋」，史稱「小明王」。紅巾軍進一步攻克汴梁

（今開封），政權達到鼎盛。

然而，元軍逐步反攻，切斷紅巾軍與各地義軍的聯繫，最終在至正十九年（1359 年）攻破汴梁，劉福通與韓林兒逃往安豐。此時，南方的朱元璋勢力迅速崛起，並最終取代紅巾軍，推翻元朝，建立明朝。

朱元璋的崛起

加入紅巾軍與早期發展

朱元璋原名朱重八，出身於安徽濠州（今安徽鳳陽）的貧苦農民家庭。元朝末年，由於旱災與瘟疫，朱家家破人亡，朱元璋流浪四方，最終投身郭子興領導的紅巾軍，從一名步卒逐步升遷為九夫長。郭子興賞識其才華，將養女馬氏（即後來的馬皇后）嫁給他，使朱元璋進一步穩固地位。

至正十三年（1353 年），朱元璋開始自立門戶，從定遠一帶收攏三千名民兵，並吸收繆大亨部隊，兵力迅速擴展至兩萬人。這支隊伍後來成為朱元璋軍隊的基礎，也吸引了日後輔佐他的文臣武將，如徐達、湯和、馮國用、李善長等人。

江淮發展與獨立勢力

至正十四年（1354 年），朱元璋攻下滁州，隨後與郭子興的部隊合流，並接管和州（今安徽和縣），成為軍事重鎮。然而，朱元璋認識到江南是關鍵戰略地區，若要擴展勢力，必須渡過長江。此時，巢湖水軍俞通海前來求援，朱元璋成功將其收編，獲得千艘戰船，為渡江作戰做好準備。

1355 年（至正十五年），朱元璋率軍渡江，接連攻克牛渚、採石、太平（今安徽當塗），並兩次進攻南京（當時稱集慶），雖然遭遇挫敗，但成功在次年（1356 年）三攻南京，最終攻破集慶，改名「應天府」，成為自己的根據地。

此後，朱元璋與張士誠、陳友諒、方國珍等其他割據勢力展開競爭，並透過聯盟與軍事行動一步步削弱對手，鞏固自己在江南的統治。

討滅群雄：鄱陽湖之戰與武昌平定

朱元璋與陳友諒的決戰

1359 年，紅巾軍勢力衰退，陳友諒趁機殺害紅巾軍領袖徐壽輝，自立為「漢王」，並發動大規模進攻，試圖吞併朱元璋勢力。1363 年，陳友諒率領六十萬大軍圍攻南昌，朱元璋則率軍堅守城池，並於九月發動反擊，雙方爆發鄱陽湖之戰。這場戰爭是中國歷史上規模最大的水戰之一，朱元璋利用火攻擊沉陳友諒戰船，陳友諒中箭身亡，漢軍瓦解，朱元璋取得決定性勝利。

張士誠與方國珍的滅亡

1364 年，朱元璋在應天正式稱吳王，建立江南政權，開始進一步統一南方。1366 年，他派徐達、常遇春進攻張士誠的平江（今蘇州），經過一年圍攻，最終攻破城池，張士誠被俘，勢力滅亡。

同時，浙江的方國珍見大勢已去，於 1367 年向朱元璋投降，江南地區完全統一。

北伐滅元與稱帝

朱元璋完成江南統一後，決心北伐滅元。他命徐達、常遇春率軍二十萬北上，並發布檄文聲討元廷。元順帝見蒙古軍潰敗，於八月倉皇逃往大都（今北京），蒙古貴族退回漠北，元朝滅亡。

1368 年，朱元璋於南京稱帝，建立明朝，年號「洪武」，史稱「明太祖」。

朱元璋如何從農民變成皇帝

朱元璋的崛起，是中國歷史上最具傳奇色彩的奮鬥故事之一。他憑藉卓越的軍事才能、政治手腕與謀略，從一個流浪農民成為明朝的開國皇帝。他的統治建立了穩固的政治與社會秩序，使明朝成為中國歷史上最長壽的漢族王朝之一，延續近三百年。

然而，朱元璋晚年逐漸變得專制嚴苛，採取嚴刑峻法，大肆整肅異己，如胡惟庸案、藍玉案等，導致明初政局動盪。但無論如何，他的崛起與統一戰爭，奠定了明朝的基礎，也結束了元末長達數十年的動亂，使中國再度回歸漢人政權的統治。

從滅元北伐到西南平定的戰略布局

序幕：明朝的建立與北伐戰役

朱元璋於 1368 年稱帝，建立明朝，定都應天府（今南京）。雖然明軍已攻陷大都（今北京），推翻元朝，但元廷仍控制北方，並且西南、西北仍有地方勢力割據。因此，朱元璋即位後的首要目標，就是完成全國統一。

朱元璋命徐達為征虜大將軍，常遇春為副將，率二十五萬大軍展開北伐，首先攻取山東，隨後由山東折向西進攻河南。當時，元軍五萬人在洛水以北布陣，常遇春勇猛衝擊，元軍潰敗，元河南行省平章梁王阿魯溫投降。至此，中原地區大部分納入明朝版圖。

同年七月，徐達與常遇春繼續進攻河北，迅速攻下諸郡，兵臨大都（今北京）。八月二日，明軍攻克通州，並於當晚包圍大都。元順帝從居庸關北逃上都（今內蒙古正藍旗），明軍進城，俘虜元監國淮王帖木兒不花與丞相慶童，斬殺之。徐達軍令嚴明，封鎖宮廷財物，維持城內秩序，使商店與民生活動如常。

西征秦晉與滅亡元上都

元順帝逃往上都後，命元將擴廓帖木兒率軍反攻大都，試圖奪回政權。然而，徐達不回救大都，而是直接進攻太原，迫使擴廓帖木兒回軍防守，最終明軍在途中夜襲元軍，擴廓帖木兒僅以十八騎逃往大同，後轉至甘肅。

洪武二年（1369 年），朱元璋派常遇春率八萬步兵、一萬騎兵攻打元上都（今內蒙古正藍旗）。明軍經三河、惠州，於錦川擊敗元將江文靖，隨後連破全寧、大興州，擒獲元丞相脫火赤。最後攻克開平（元上都），俘獲元宗王慶生、平章鼎住等人，殺敵萬人，俘虜將士數萬，元順帝再度逃往漠北，明軍凱旋班師。

滅亡元朝殘餘勢力：漠北與關隴之戰

洪武三年（1370 年），朱元璋命徐達、李文忠、鄧愈、馮勝、湯和等人兵分東西兩路，發動大規模北征。

- 徐達率西路軍，自安定出發，於沈兒峪口大敗擴廓帖木兒，擒獲元郯王、文濟王等官員 1,865 人，俘獲八萬四千餘人，戰馬一萬四千匹。擴廓帖木兒僅攜妻子逃往寧夏和林。
- 李文忠率東路軍，自野狐嶺進攻開平，並攻破應昌府。此時，元順帝已死，元嗣君愛猷識里達臘之子買的里八剌及其後妃、宗室數百人被俘，元朝殘餘勢力進一步衰弱。

南征西南：四川與雲南的平定

四川的夏政權滅亡

洪武四年（1371 年），朱元璋派湯和、傅友德兩路大軍進軍四川。當時，夏政權仍控制四川，以明昶為君主。傅友德攻克重慶，明昶不敵投降，四川正式納入明朝版圖。

雲南的平定

洪武十四年（1381 年），朱元璋派傅友德為征南將軍，藍玉、沐英為左右副將軍，率十三萬大軍進攻雲南。明軍經湖廣，進入貴州，十二月攻占普定、普安。

元朝雲南梁王派達里麻率軍十餘萬駐守曲靖，明軍則派奇兵從白石江下游偷襲，前後夾攻，一舉攻破曲靖，俘虜達里麻。隨後，傅友德與郭英、胡海所部會合，藍玉與沐英則率軍直取昆明。洪武十五年（1382 年），藍玉、沐英軍至昆明，梁王見無援可期，自殺於滇池，元朝在雲南的最後據點滅亡。

隨後，明軍攻破大理，並乘勢控制鶴慶、麗江等地，雲南全境正式納入明朝版圖。

洪武後期的防禦戰略

北部的納哈出降明

洪武二十年（1387 年），明軍最後一次出征北方，朱元璋命馮勝為征虜大將軍，率軍二十萬北征納哈出（元朝丞相）。納哈出因孤軍無援，同年六月投降，二十萬部眾也陸續歸順，明軍取得北疆最終勝利。

與蒙古的邊防戰

洪武五年（1372 年），徐達率軍北征蒙古，於野馬川擊敗蒙古軍隊，但在嶺北遭遇擴廓帖木兒與賀宗哲合軍夾擊，明軍傷亡數萬人，徐達被迫撤退。此戰後，朱元璋改變策略，停止對蒙古的積極進攻，轉為防禦態勢，在北部修築九邊防線，防禦蒙古南侵。

明朝統一全國的歷史意義

朱元璋在建立明朝後，用了二十年時間（1368 ～ 1387）完成全國統一，先後滅亡元朝、夏政權、雲南梁王勢力，並成功擊敗蒙古殘餘勢力，確立明朝對全國的控制。

這場統一戰爭結束了自元末以來的分裂局面，恢復了中原王朝的統治，並奠定明朝長達 276 年（1368 ～ 1644）的統治基礎。朱元璋的軍事戰略顯示出他高超的政治與軍事才華，尤其是他的北伐戰爭與南征計畫，確保了明朝初期的穩定與繁榮。

然而，晚年的朱元璋因擔憂外敵與內亂，採取嚴苛的政治手段，如胡惟庸案、藍玉案等大規模清洗，使明朝統治逐漸趨於保守，為後來明成祖繼位與永樂盛世埋下伏筆。儘管如此，明朝的統一戰爭仍為中國歷史上極具影響力的一場變革，使漢族政權重新掌控全國，影響深遠。

從削藩風波到朱棣奪位的帝國內戰

朱元璋的藩王制度與權力分布

明朝開國皇帝朱元璋為了確保朱氏王朝的穩定統治，將二十四位兒子與一位重孫分封至全國各地，建立藩王制度。他們各自擁有官屬與軍隊，其中少則三千，多則數萬。尤其是寧王擁有「帶甲八萬，革車六千」，而燕王與晉王的勢力更為強大。

朱允炆即位與削藩政策

洪武三十一年（西元 1398 年），朱元璋去世。由於長子朱標早在洪武二十五年病逝，因此皇位由皇太孫朱允炆繼承，稱為建文帝。然而，朱允炆在即位前就已經對諸位叔父的威脅感到憂心，因此即位後，他與親信齊泰、黃子澄等人商議削藩，決定先從周王、齊王、湘王、代王、岷王等人開始。

在此政策下，周王朱橚與岷王朱楩被廢為庶人，代王朱桂遭幽禁於大同，齊王朱榑則被囚禁於京師，而湘王朱柏則因憂懼而自焚。但對於燕王朱棣，建文帝卻遲遲未能下定決心。燕王朱棣不僅擅長兵法，其封地北平更是軍力雄厚，令建文帝難以輕舉妄動。

朱棣起兵與「靖難之役」

為削弱燕王勢力，建文帝聽從齊泰的建議，以防禦外敵為名，調動燕王的護衛軍士至邊疆，同時派遣工部侍郎張昺與都指揮使謝貴監視朱棣的動向。朱棣則在姚廣孝（僧道衍）的策劃下，暗中訓練軍隊並製造兵器，他本人則假裝患病，以此避開朝廷的監視。

建文元年（西元1399年）六月，張昺與謝貴奉命逮捕朱棣，但負責執行命令的北平都指揮使張信卻將計畫透露給朱棣。朱棣隨即召集心腹張玉、朱能等人，暗中集結八百名勇士入府防守。同年七月，朝廷進一步下令逮捕燕王府官員，並派兵包圍王府。然而，朱棣設計誘殺張昺與謝貴，並趁勢奪取北平城內九門，掌控整座城市。他隨即以「靖難」為名，舉兵討伐建文帝，迅速控制北平周邊的戰略要地。

南軍北伐失利

建文帝為平定叛亂，派遣大將耿炳文率領十三萬大軍北伐。然而，由於明太祖在位時大肆誅殺功臣，此時朝廷中已無可用之將。南軍於滹沱河戰役中敗北，被迫撤回真定。

隨後，建文帝改派李景隆為大將軍，率軍對抗燕軍。然而，朱棣認為李景隆身為貴族子弟，缺乏作戰經驗，難堪大任。果然，李景隆在北平戰役中慘敗，倉皇逃回德州。他為掩飾敗績，向朝廷謊報勝利，建文帝因此仍對他寄予厚望，甚至晉升其為太子太保。

建文二年（西元 1400 年）四月，李景隆與武定侯郭英合兵六十萬，在白溝河與燕軍決戰。儘管南軍人數遠勝燕軍，但因指揮不當，最終大敗，陣亡十餘萬人，屍體遍布百餘里。李景隆再度倉皇逃回德州。此後，雙方進入僵持階段。

朱棣攻入南京

建文四年（西元 1402 年）正月，朱棣展開大規模南征，迅速攻占山東、徐州等地。四月，燕軍抵達宿州，但因連日陰雨，道路泥濘，北方士兵不習慣南方氣候，加上疫病蔓延，士氣低落。朱棣以楚漢相爭的故事勉勵將士，設法穩定軍心。

與此同時，建文帝誤判形勢，命令徐輝祖撤回南京，導致前線軍心大亂。燕軍趁勢猛攻，擊敗南軍，俘獲將領平安等三十七人。靈璧之戰後，燕軍士氣大振，迅速推進至揚州。

六月，燕軍渡江，直逼南京。朝中大臣為求自保，紛紛請求外出駐守城池，導致南京防禦空虛。儒臣方孝孺曾建議與朱棣議和，以南北分治，但未獲建文帝接納。最終，燕軍攻至南京金川門，守將李景隆與谷王朱橞開門投降。建文帝見大勢已去，在宮中自焚身亡。

靖難之役的結局

自建文元年七月起兵，朱棣歷經三年戰爭，最終於建文四年六月攻陷南京，奪取帝位，改年號為永樂，史稱明成祖。這場內戰被史家稱為「靖難之役」，成為明初最重要的歷史事件之一。

明成祖北伐與土木堡之變

蒙古勢力的變遷與明成祖的北伐

元朝滅亡後，部分蒙古貴族退守至蒙古草原與東北地區，形成韃靼、瓦剌與兀良哈三大勢力。其中，蒙古各部時常騷擾明朝邊境，迫使明成祖朱棣五度親征蒙古。

永樂八年（西元 1410 年），明成祖率領五十萬大軍遠征韃靼，進軍至臚朐河（成祖改名為飲馬河）。他親率輕騎部隊進入翰難河，成功擊敗韃靼可汗本雅失里，本雅失里僅帶七騎逃亡。此次大敗導致韃靼內部分裂，不得不向明朝稱臣納貢。

永樂十年（西元 1414 年），瓦剌部攻殺本雅失里，並扣押明朝使臣。永樂十二年，明成祖再度率軍親征瓦剌，直抵土剌河，迫使瓦剌首領馬哈木敗逃，不久後去世。此後，瓦剌部在永樂年間始終受到明朝政府的約束。然而，永樂十九年，韃靼部再次騷擾明朝邊境，明成祖於永樂二十年至二十二年三度親征，但未能達成預期目標。最終，六十五歲的明成祖在最後一次北征返程途中，病逝於榆木川。

明英宗的輕率親征

明英宗正統十四年（西元 1449 年），蒙古瓦剌部頻繁侵犯大同邊境。此時，宦官王振專擅朝政，他慫恿年輕的明英宗親征蒙古。吏部尚書王直等大臣認為此舉不利，極力上疏勸阻，但英宗未聽從，堅持出征。

英宗帶領五十萬大軍自北京出發，隨行者包括英國公張輔、兵部尚書鄺埜、戶部尚書王佐、內閣學士曹鼐與張益等文武官員。然而，儘管張輔曾在永樂年間多次率軍平叛，這次卻未參與軍務，所有軍政決策皆由宦官王振獨斷，為戰爭失敗埋下禍根。

明軍潰敗與土木堡之變

七月十六日，明軍從北京出發。由於軍隊組織混亂，加上接連數日風雨，士氣低落，軍糧供應困難。七月二十八日，大軍抵達大同東北的陽和，此地不久前剛經歷一場敗戰，戰場屍骸遍野，進一步影響士氣。王振得知大同戰敗的消息後，心生恐懼，次日便強行命令撤軍。

撤退過程中，王振屢次更改行軍路線，導致明軍遭到瓦剌軍伏擊。八月十三日，明軍撤至土木堡（今河北懷來縣東），此地地勢高無水源，人馬飢渴難耐。附近十五里外的水源已被瓦剌軍占據。

八月十五日，也先率軍假裝撤退，並派使者前來議和。英宗命曹鼐起草詔書，派遣使者赴瓦剌軍營。然而，王振見瓦剌軍後撤，便下令全軍向水源方向移動。行軍未及四里，瓦剌軍便發動突襲，明軍陷入混亂。英宗與親兵試圖突圍，但未能成功，最終被俘。

在土木堡戰役中，英國公張輔、兵部尚書鄺埜、戶部尚書王佐、內閣學士曹鼐等五十餘人戰死，明軍五十萬精銳幾乎全軍覆沒。王振則在戰亂中被護衛將軍樊忠擊殺，樊忠怒斥：「吾為天下誅此賊！」

北京保衛戰與明軍反擊

也先俘獲明英宗後，試圖以此為要脅，向明朝索取金銀財物，並意圖借此進攻明朝內地。然而，明廷在得知英宗被俘後，迅速決定擁立其異母弟朱祁鈺為帝，即明代宗，改年號景泰。

明代宗重用主戰派大臣于謙，迅速整軍備戰。此時，京城僅存的守軍不足十萬，且人心惶惶。于謙立即調集南北兩京、河南、山東、南京及沿海各地守軍，並緊急運糧入京，使軍心逐漸穩定。

正統十四年十月，也先率軍挾持英宗進犯北京。明代宗命于謙提督全軍，迅速集結二十二萬兵力，布防於九門外，並堅決關閉城門，展現死戰決心。十月十一日，瓦剌軍抵達北京城下，也先誤以為明軍已無力抵抗，遂發動攻城。然而，明軍奮勇迎戰，經五日激戰，瓦剌軍連續受挫，也先士氣低落，最終於十月十五日夜間撤軍。

戰後影響與明英宗歸國

瓦剌軍撤退後，也先發現扣押明英宗已無戰略價值。景泰元年（西元 1450 年）八月，明英宗在右都御史楊善的安排下，被迎回北京，改為太上皇。

土木堡之戰導致明朝五十萬精銳喪失，成為歷史上最慘烈的敗仗之一，也反映出宦官專權對國家造成的危害。然而，北京保衛戰的勝利證明明軍仍具有戰鬥力，關鍵在於良將統帥。這場戰爭史稱「土木之敗」，成為明朝軍事史上的重大事件。

明朝抗倭戰爭與東南海防

倭寇侵擾與明朝的抗擊

明世宗時期，倭寇對中國東南沿海的侵擾日益嚴重。這些倭寇主要由日本武士、浪人與走私商人組成，他們劫掠沿海城鎮，燒殺搶掠，嚴重威脅地方安全。明朝名將戚繼光與俞大猷組織軍民數十次對抗倭寇，最終成功平定沿海的倭患。

戚繼光整軍與浙江平倭

嘉靖三十四年（西元 1555 年），戚繼光調任浙江，升任參軍，負責平定倭寇。他到達浙江後，發現當地衛所軍紀鬆弛，軍隊人數不足，且大多為老弱殘兵，缺乏戰鬥力。為了提高軍隊實力，他在金華、義烏一帶招募了三千名農民與礦工，進行嚴格訓練，使他們明白軍隊的職責在於保衛百姓，並建立嚴明的軍紀。此外，他根據江南地形特點，創立了「鴛鴦陣」戰術，靈活運用各類長短武器，並可根據戰況變化調整為「三才陣」或

「兩儀陣」，提升戰鬥效能。這支新軍因屢戰屢勝，被譽為「戚家軍」，名震天下。

嘉靖四十年（西元 1561 年），倭寇大舉入侵浙江桃渚與圻頭，戚繼光率軍趕赴寧海，在大龍山擊敗倭軍，並追擊至雁門嶺。倭寇敗退後轉而襲擊台州，戚繼光迅速追擊，殲滅倭軍主力，並將殘部圍剿於瓜陵江。同時，圻頭倭寇再度進犯台州，戚繼光於仙居迎擊，全數殲滅。戚繼光在浙江九戰九勝，擊斃與俘虜倭寇逾千人，進而平定浙東倭亂。此外，總兵官盧鏜與參將牛天錫在寧波與溫州等地亦重創倭寇，使浙江沿海恢復安寧。

福建戰役與橫嶼大捷

嘉靖四十一年（西元 1562 年），倭寇大舉侵略福建，並在橫嶼島建立據點。當地官軍畏懼，不敢進攻，雙方僵持一年。倭寇首領駐紮於興化，並在牛田設立軍營，互相聲援。福建駐軍不敵倭軍，連續告急，請求戚繼光馳援。

戚繼光抵達福建後，首先進攻橫嶼島倭軍。他命士兵攜帶茅草填壕前進，迅速攻破倭軍據點，斬敵兩千六百餘人。隨後，他率軍至福清，重創牛田倭寇，摧毀其營寨。倭寇殘軍潰逃至興化，戚繼光連夜追擊，攻克倭軍六十餘營，斬敵一千餘人。天亮後，興化百姓方才得知明軍大勝。返回浙江途中，戚繼光途經福清，再度殲滅登陸倭軍，斬首兩百餘人。與戚繼光並肩作戰的廣東總兵劉顯亦數次擊敗倭寇，最終福建沿海倭亂基本平息。

平海衛之戰與福建大捷

戚繼光回浙江後，倭寇再次入侵福建，攻破興化城，占領平海衛。嘉靖四十二年（西元 1563 年）四月，戚繼光再度奉命入閩，與廣東總兵劉顯、福建總兵俞大猷聯合進攻平海衛。戚繼光率軍攻破敵軍防線，左右兩翼隨即跟進，共殲倭軍兩千兩百人。

翌年二月，新一批倭軍一萬餘人圍攻仙遊。戚繼光率軍馳援，大敗倭軍，使其潰不成軍。此後，雖仍有小股倭寇侵擾，但皆迅速被剿滅。

潮州戰役與倭寇最終平定

嘉靖四十三年（西元 1564 年），潮州地區聚集倭寇兩萬人，並與海盜首領吳平聯合掠奪。當時，盜匪藍松伍端、溫七等人在惠州、潮州一帶作亂，福建則有程紹祿與梁道輝發動叛亂，局勢混亂。此時，福建總兵俞大猷奉命調往廣東，負責剿滅倭寇。

俞大猷憑藉其威名，成功招降程紹祿與梁道輝，並接連重創倭軍。他先於鄒塘圍攻倭寇，斬殺四百餘人，又在海豐擊潰倭軍。部分倭軍試圖搶奪漁船逃往海外，卻遭遇大風，船隻沉沒大半。

海盜吳平曾投降明朝，後來再度反叛，持續於沿海劫掠。福建總兵戚繼光率軍追剿，吳平敗逃至南澳，並於嘉靖四十四年（西元 1565 年）秋季再度侵犯福建。俞大猷率水軍，戚繼光率陸軍，聯手在南澳夾擊，大敗吳平。吳平僅帶少數隨從逃至饒平鳳凰山，並掠奪民船逃往海外，從此未敢再犯。

俞大猷與戚繼光最終剷除廣東與福建殘存的倭寇，至此，沿海倭患終告平定。這場歷時十餘年的抗倭戰爭，不僅維護了東南沿海的安定，也展現了明朝軍隊的戰鬥力與名將的卓越指揮才能。

從薩爾滸戰役到清軍入關的歷史轉折

努爾哈赤崛起與明朝的應對

明萬曆四十四年（西元 1616 年），女真族首領努爾哈赤統一女真各部，稱汗建立「大金」（史稱後金），年號天命。天命三年（1618 年），努爾哈赤以「七大恨」為由，舉兵反抗明朝，發動對遼東地區的戰爭。

努爾哈赤率領八旗兵分兩路進攻，一路攻打撫順，一路進攻東州與馬根單等地。其子皇太極率五千輕騎突襲撫順，明朝守將李永芬措手不及，最終舉城投降。明朝遼東巡撫李繼翰緊急派遣總兵張承蔭率一萬兵前往鎮壓，卻遭八旗兵伏擊，全軍覆沒。努爾哈赤首戰告捷，掠奪人口與牲畜，收編明軍降兵，聲勢大振。

薩爾滸戰役與明軍潰敗

明朝為了維護遼東的統治，決定發動大規模反擊。明廷任命楊鎬為遼東經略，動員全國兵力籌集糧餉，最終集結明軍八萬八千餘人，加上葉赫與朝鮮援軍，共約十餘萬人，準備進攻後金首都赫圖阿拉。

努爾哈赤得知明軍動向後，決定採取「任憑你幾路來，我只一路去」的策略，集中兵力逐步擊破各路明軍。他認為西路明軍為主力，遂率領六旗四萬兵包圍薩爾滸山，並命代善與皇太極率軍迎擊駐守界凡城的明軍。明軍因不適應氣候與地形，戰鬥力受挫，杜松所率西路軍遭受重創，全軍覆滅，杜松戰死。隨後，後金軍繼續攻擊其他明軍，最終導致除南路明軍撤回瀋陽外，其他三路明軍皆遭殲滅。薩爾滸戰役成為明朝遼東防線的重大挫敗。

瀋陽、遼陽陷落與後金遷都

天命六年（西元 1621 年），努爾哈赤親率大軍進攻瀋陽，並策動城內蒙古饑民作內應。經激戰後，明軍總兵賀世賢戰死，瀋陽陷落。隨後，努爾哈赤乘勝攻下遼陽，並在戰中擊斃明朝經略袁應泰。隨後，努爾哈赤決定遷都遼陽，五年後又遷至瀋陽，稱為盛京。

天命十一年（西元 1626 年），努爾哈赤親率六萬大軍圍攻寧遠城，遭明將袁崇煥頑強抵抗。明軍利用火炮優勢擊退八旗軍，後金軍傷亡慘重，努爾哈赤被炮傷，撤回瀋陽，數月後因傷重病逝。

皇太極繼位與寧錦大捷

努爾哈赤死後，其子皇太極即位，改年號為天聰。天聰二年（西元 1627 年），皇太極率軍圍攻錦州，遭遇明軍堅守與袁崇煥的增援。袁崇煥派祖大壽率軍迂迴作戰，並出動水軍牽制後金軍，最終皇太極攻城不下，被迫撤退。此戰史稱「寧錦大捷」，是明軍在遼東戰場上的重大勝利。

皇太極反間計除掉袁崇煥

崇禎皇帝即位後，重用袁崇煥防禦後金。然而，崇禎二年（西元 1629 年），皇太極繞道蒙古，避開明軍重兵防守的山海關，直抵北京近郊。袁崇煥率軍急赴京師，於廣渠門外與後金軍激戰。

皇太極因無法戰勝袁崇煥，遂施反間計，故意放走被俘明朝太監，讓他們回京散播袁崇煥勾結後金的謠言。崇禎皇帝信以為真，下令逮捕袁崇煥，最終將其以謀叛罪處死。此舉嚴重削弱明朝的遼東防禦。

皇太極改國號為清

天聰九年（西元 1635 年），皇太極征服蒙古察哈爾部，並從林丹汗之子手中獲得元朝傳國玉璽，認為自己已獲天命。天聰十四年（西元 1636 年），皇太極正式稱帝，改國號為「大清」，並將族名由「女真」改為「滿洲」，改年號為崇德。

錦州戰役與明軍潰敗

崇德五年（西元 1640 年），清軍圍攻錦州，明將祖大壽向朝廷求援。明廷派洪承疇率十三萬大軍解圍，進駐松山、杏山與塔山。然而，清軍逐步逼近，並於崇德七年（西元 1642 年）攻破松山，俘虜洪承疇。此戰後，明軍喪失遼東防線，清軍進一步擴張勢力。

吳三桂引清兵入關

崇德七年至八年間，清軍多次深入明朝內地，進行軍事演習。明朝最後的防線由遼東總兵吳三桂鎮守寧遠。

崇禎十七年（西元 1644 年），李自成率農民軍攻入北京，崇禎皇帝自縊於煤山。吳三桂本欲回京勤王，但得知家眷遭李自成軍殺害，遂決定與清軍聯手，向多爾袞請求援軍。最終，吳三桂於山海關開門迎接清軍，助清軍入關。此後，李自成敗亡，清軍迅速南下占領明朝領土，明朝正式滅亡。

明朝抗清戰爭的結局

明朝抗清戰爭歷時數十年，初期因袁崇煥等將領的頑強抵抗，一度遏制後金軍的進攻。然而，因內部政治鬥爭與用人失誤，導致局勢逆轉。最終，吳三桂引清軍入關，象徵著明朝的終結，清朝正式建立，開啟了中國歷史的新篇章。

李自成起義與大順政權的興亡

陝西災荒與農民起義的爆發

明崇禎年間，陝西地區連年災荒，民不聊生，人民紛紛揭竿而起，反抗明朝的腐敗統治。崇禎三年（西元 1630 年），李自成聚眾千餘人，投奔闖王高迎祥，因其英勇善戰，迅速成為部隊中的重要將領。

興安突破與戰略擴展

崇禎七年（西元 1634 年），李自成與張獻忠等起義軍在興安車箱峽成功突破明軍包圍，轉向河南發展。明朝隨即調集豫、楚、晉、蜀等地大軍圍剿。崇禎八年，起義軍十三家七十二營於滎陽會盟，李自成提出「聯合作戰、分兵出擊」的戰略，獲得各部首領支持。東路軍由高迎祥、李自成、張獻忠率領，短短十餘日即攻克明朝中都鳳陽，焚燒明朝皇室祖墳，極大震撼朝廷。

崇禎九年（西元 1636 年），高迎祥於戰鬥中被俘犧牲，李自成接過闖王旗幟，繼續領導起義軍奮戰。然而，崇禎十一年，李自成在潼關遭遇失敗，僅率劉宗敏等十八騎退入商洛山。崇禎十三年，他又在四川魚腹山被圍困。當時，全國民變進入低潮，然而李自成並未氣餒，他利用此時機總結戰略，思考起義的政治綱領與軍隊建設。

「均田免糧」政策與軍紀改革

崇禎十四年（西元 1641 年），李自成率輕騎突圍，再次進入河南，吸引大批饑民加入起義軍，知識分子如李岩、牛金星、宋獻策等人亦紛紛投靠。李自成在李岩的協助下，提出「均田免糧」的口號，深得農民擁護。他並大力整頓軍紀，明訂：

- 作戰繳獲品歸公，不得私藏財物。
- 不擾民，行軍自備帳篷，不住民房。
- 嚴禁毀壞農田，違者處死。
- 禁止侮辱婦女，實行公平交易。
- 軍內上下平等，領袖與士兵同坐共食。

此舉使李自成軍隊軍紀嚴明，深受百姓支持，聲勢日益壯大。

建立襄京政權與進軍關中

崇禎十四年（西元 1641 年），李自成攻克洛陽，殺福王朱常洵，將數萬擔稻米與大批金銀分發給百姓。翌年，他進攻襄陽、樊城，獲得湖北、河南廣泛支持。

崇禎十六年（西元 1643 年），李自成於襄陽建立政權，改名「襄京」，自稱「新順王」。為推翻明朝中央政權，他接受顧君恩建議，先取關中作為根據地，然後經山西、宣府直取北京。同年，他大敗明總督孫傳庭，攻克潼關，殺孫傳庭，迅速占領陝西、甘肅、寧夏等地。

建立「大順」政權與攻入北京

崇禎十七年正月，李自成以西安為西京，建立「大順」政權，年號「永昌」，開始施政，包括：

- 訂立曆法，調控物價。
- 鑄造永昌貨幣。
- 開科取士，選拔人才。

同年二月，李自成發布討明檄文，列舉明朝罪狀，隨即率軍北上，迅速攻下太原、大同、宣府、居庸關、昌平，進逼北京。

明軍士氣低落，總督李國楨束手無策。三月十七日，李自成軍抵京城，次日，太監曾化淳開彰義門（今廣安門）投降。明崇禎皇帝自知大勢已去，於十九日凌晨在萬歲山（今景山）自縊。當日中午，李自成率大順軍進入皇城。

李自成失策與北京政權的衰落

李自成進入北京後，釋放明朝囚犯，鎮壓貪官汙吏，並任用部分明朝官員。然而，他未能正確評估全國局勢，對清軍入關的風險缺乏警覺，並沉迷於宮廷生活。

當吳三桂拒絕投降，李自成輕率派降將唐通率一萬兵勸降未果，隨後才親率六萬軍東征，於山海關與吳三桂交戰。然而，戰鬥正酣時，清軍突襲，大順軍缺乏準備，終致敗北。

退出北京與起義失敗

敗於山海關後，李自成意識到北京難以固守，決定撤往陝西。撤退過程中，大順軍士氣低落，內部矛盾加劇。牛金星挑撥離間，致使李自成誤殺李岩，引發內部分裂。

此時，清軍趁勢南下，一路攻入山西與潼關。李自成率軍奮戰，仍無力回天。永昌二年（西元 1645 年），李自成退至武昌，最終轉至湖北通山縣九宮山，視察地形時遭當地武裝部隊突襲，戰死。

李自成起義的影響與教訓

李自成領導的農民起義，歷經十年，成功推翻腐朽的明朝，建立起短暫的大順政權。然而，他在取得勝利後，未能保持清醒，低估清軍的威脅，戰略判斷失誤，導致最終敗亡。

其起義雖以失敗告終，但卻動搖了明朝的統治基礎，為中國歷史上最重要的民變之一。

清軍入關與南明抗清之戰

滿洲貴族趁勢入關

明末時期，正當李自成農民軍攻入北京、推翻明朝之際，位於瀋陽的滿洲貴族趁機加速南下。清朝攝政王多爾袞以「救民出水火」為口號，於順治元年（西元 1644 年）四月七日祭天伐明，率領滿洲與蒙古八旗大軍，九日從瀋陽出發，十三日抵達遼河。

此時，寧遠總兵吳三桂奉命回師勤王，至京郊豐潤時得知北京陷落，遂退守山海關，並致書多爾袞，請求清軍入關消滅李自成的大順軍。多爾袞回信，以「封吳三桂為藩王」為條件誘降。四月二十一日，清軍與大順軍激戰於一片石，次日清軍抵達山海關，吳三桂開關迎接清軍入關。李自成軍被清軍與吳三桂軍夾擊，大敗後撤回北京，最終西撤。

五月二日，多爾袞率清軍進駐北京，打出「為明復仇」的旗號，獲得明朝遺臣與地主階級的支持，北京局勢迅速穩定，官復職、民復業。八月二十日，順治帝由盛京啟程，於九月十九日抵達北京，從正陽門進皇宮，滿漢群臣隨即上表勸進，順治帝正式即位。

南明政權的抗清與滅亡

明朝滅亡後，南方各地的朱姓藩王與明朝遺臣紛紛建立南明小朝廷，試圖延續明室統治：

- 南京：福王朱由崧建立弘光政權。
- 紹興：魯王朱以海監國。
- 福州、廣州：唐王朱聿鍵與其弟朱聿𨮁分別稱帝。
- 肇慶：桂王朱由榔建立永曆政權。

順治二年（西元 1645 年）春，清軍攻占潼關、西安，李自成大順軍徹底潰敗。多爾袞命多鐸率軍向江南進軍，四月十三日攻克徐州。南京福王政權驚恐不已，沿江守軍不戰而退。

揚州之戰與弘光政權滅亡

四月十八日，清軍抵達揚州城下。明朝督師史可法堅守防線，誓死抵抗。多鐸數次勸降，史可法嚴詞拒絕，表態「城存與存，城亡與亡」。

四月二十五日，清軍炮擊揚州城西北隅，城牆倒塌，清軍攻入。史可法寧死不降，被清軍俘獲後，堅決不屈，最終慷慨就義。受其精神激勵，揚州軍民奮勇抵抗，巷戰激烈。然而，清軍最終攻陷全城，並進行十日屠殺，揚州化為廢墟。

五月九日，清軍渡江占領鎮江，南京福王朱由崧連夜逃往蕪湖。五月十五日，多鐸率清軍進入南京，弘光政權迅速瓦解，明朝降臣紛紛歸降。福王朱由崧被部下劉良佐俘獲，送交清軍。隨後，清軍南下，六月底攻克常州、無錫，七月初杭州不戰而降。

順治三年（西元 1646 年），清軍滅亡除桂王永曆政權以外的所有南明政權，清王朝統一全國的進程即將完成。

江南抗清運動與清軍鎮壓

清軍在江南地區屠城，並強制漢人剃髮易服，引發各地反抗。其中，江陰、崑山、嘉定等地的軍民英勇抵抗清軍，爆發激烈戰鬥。江陰城堅守八十一日後失陷，清軍展開屠殺，約七萬人遇難。嘉定亦遭屠城，數萬人慘死。

吳三桂與永曆政權的最終滅亡

順治三年至十六年（西元 1646 ～ 1659 年），吳三桂與清軍聯手鎮壓農民軍餘部。順治十六年，南明永曆政權的桂王朱由榔逃至雲南，次年吳三桂攻克昆明，朱由榔逃往緬甸。

康熙元年（西元 1662 年），吳三桂將朱由榔從緬甸擄回雲南，最終將其絞死，南明政權徹底滅亡。

清王朝的統治與民族壓迫政策

清軍入主中原後，開始推行民族壓迫政策，包括：

- 強制剃髮易服：漢族男子被迫剃髮，違者處死，引發強烈反抗。
- 圈地運動：以「東來諸王、勛臣、兵丁等無地安置」為由，在北京及周邊大規模圈地，迫使大量漢人失去土地。
- 奴僕制度：強迫貧苦漢人充當八旗貴族與兵丁的奴僕。大量奴僕逃亡，導致田地荒廢，清政府遂制定嚴苛的「逃人法」，並設立「兵部督捕衙門」專門緝捕逃奴。被捕者輕則鞭刑，重則刺字，窩藏者則處死並籍沒家產。

這些政策使清朝初期社會生產遭受嚴重破壞，民族矛盾加劇。多年後，滿洲貴族推行一系列穩定政策，社會才趨於安定，經濟亦逐漸發展。

政權更迭與民族融合

清王朝的入主中原，既是明朝滅亡後政治權力的更迭，也是漢族與滿族歷史發展的重大轉折點。清軍憑藉吳三桂內應與戰略優勢迅速攻占華北、華中，並藉由屠城與強制政策穩固統治。然而，清朝初期的高壓政策激發漢族人民強烈反抗，導致數十年戰亂。直到滿洲貴族逐步漢化，並推行更為寬和的政策後，社會才逐漸穩定，為後來的康乾盛世奠定了基礎。

從擊退荷蘭到施琅攻臺的歷史轉折

鄭成功進攻臺灣

清軍入主中原後，南明的桂王朱由榔在廣東肇慶稱帝，年號永曆。鄭成功擁護永曆政權，被封為延平王，並持續進行抗清戰爭。他曾三次率軍北上長江，試圖攻取南京，以重建明室。然而，最終因輕敵大敗，退回福建思明州（今廈門）。隨後，清軍加緊攻勢，南明政權流亡緬甸，鄭成功在失去內陸據點的情況下，決定渡海進攻臺灣，將其作為抗清的根據地。

當時，臺灣正處於荷蘭東印度公司統治之下，對當地漢人與原住民族推行嚴格統治與稅役制度，引發民怨。鄭成功在接納來投的何廷斌建議後，決心進軍臺灣。

永曆十五年（清順治十八年，西元 1661 年），鄭成功率領兩萬五千大軍，自金門料羅灣出發，橫渡臺灣海峽，於四月初一日黎明抵達鹿耳門外海，成功避開荷軍炮火，在北線尾島與禾寮島登陸。當地漢族居民與原住民熱烈響應，協助鄭軍登陸並提供物資。

鄭軍與荷蘭軍的戰鬥

鄭成功軍隊登陸後，迅速發動攻勢，荷蘭軍隊倉促迎戰，結果被鄭軍擊潰。荷軍被迫退守普羅民遮城（今赤嵌樓）與熱蘭遮城（今安平古堡），並試圖透過談判拖延時間以待援軍。然而，鄭成功嚴正表明：「臺灣應歸於中國治理，不容外國殖民統治。」在鄭軍強勢圍攻下，荷軍駐守的普羅民遮城於三日內投降。

隨後，鄭成功圍攻熱蘭遮城。荷軍憑藉堅固城防與火炮頑抗，鄭軍歷經艱苦戰鬥後，最終成功擊潰荷軍防線，迫使荷方於 1662 年初簽下投降書，結束荷蘭在臺灣長達三十八年的殖民統治。

鄭氏政權的統治與發展

鄭成功攻下臺灣後，建立地方政權，將普羅民遮城改名為東都明京，設一府二縣，並推行各種建設措施：

- 發展農業：鼓勵福建沿海居民遷居臺灣，推動屯墾，改善農業生產。
- 經濟發展：與東南亞、日本等地貿易，促進經濟繁榮。
- 民族融合：保護原住民族權益，促進漢族與原住民的交流。

然而，鄭成功在攻下臺灣五個月後病逝，其子鄭經繼位。鄭氏政權雖持續抗清，但逐漸走向割據，內部矛盾日益加深。

施琅率軍攻打臺灣

康熙二十年（西元 1681 年），鄭經去世，其子鄭克塽繼位，鄭氏內部矛盾加劇。清朝康熙帝趁機展開攻臺計畫，命福建總督姚啟聖統籌軍務，由施琅率水師進攻。

施琅熟悉海戰，提出「待風而動」策略，利用夏至前後風勢穩定的特點，在康熙二十二年（西元 1683 年）六月發動攻勢。清軍於澎湖列島展開激戰，施琅負傷督戰，最終擊潰鄭軍主力，迫使劉國軒撤退臺灣。

澎湖失守後，鄭克塽意識到無法堅守臺灣，只能派使臣向清廷請降。施琅表明：「為國事重，不敢顧私仇」，消除鄭氏集團的顧慮，並奏請康熙帝接受降書。

清朝接管臺灣

康熙帝接納施琅建議，允許鄭克塽投降，並於八月派施琅率軍進駐臺灣。鄭克塽率眾剃髮降清，交出延平王金印，象徵著臺灣正式納入清朝版圖。

康熙帝隨後頒布一系列政策：

- 行政建制：設置臺灣府，下轄三縣一巡道，隸屬福建省。
- 人員安排：封鄭克塽為公，劉國軒、馮錫範為伯，並遷居京師，歸入上三旗。
- 經濟政策：免除臺灣賦稅三年，軍費由內地支援，促進經濟恢復。

這些措施有助於臺灣與清朝的融合，促進社會穩定與發展。

從吳三桂割據西南 到清廷成功平亂的八年戰爭

三藩勢力的形成

清朝入主中原後，明朝降將在清軍統一戰爭中發揮重要作用。其中，吳三桂、耿仲明、尚可喜戰功顯赫，被清廷封為王，分別鎮守西南與東南地區，史稱「三藩」：

- 平西王吳三桂：鎮守雲南，勢力最強。
- 靖南王耿精忠（耿仲明之孫）：鎮守福建。
- 平南王尚可喜：鎮守廣東。

三藩勢力各擁重兵，掌握地方軍政財權，形同獨立政權，威脅清廷中央集權。

吳三桂與清軍的關係

吳三桂原為明朝遼東總兵，駐守寧遠。李自成攻破北京後，吳三桂投降清軍，並助清軍攻擊李自成。隨後，他協助清廷鎮壓民變與南明勢力，成為統一西南的關鍵人物。

康熙元年（西元 1662 年），吳三桂將南明永曆帝朱由榔從緬甸擄回，在雲南將其處決。清廷認為吳三桂功勞卓著，封其為平西王，鎮守雲南。

吳三桂在雲南建立實質獨立政權，擁有七萬軍隊，壟斷地方財政與軍事，徵收關稅、鑄幣、開礦，甚至派遣官吏至全國任職，形成與清廷對立的局勢。

康熙帝決定撤藩

康熙十二年（西元 1673 年），尚可喜以年邁為由請辭，康熙帝藉此機會決定削弱三藩勢力。吳三桂與耿精忠得知後，亦假意請求「移藩」，試探朝廷態度。

朝廷內部對是否撤藩意見分歧，部分大臣認為撤藩會導致動亂，但康熙帝認為：「吳三桂蓄異志已久，撤亦反，不撤亦反，不若先發制人。」遂決定強行撤藩。

吳三桂發動叛亂

康熙十二年（西元 1673 年）九月，撤藩詔令抵達雲南，吳三桂發動叛亂，殺害雲南巡撫朱國治，自稱「周王」，舉白旗為幟，公開反清。他聯絡尚可喜、耿精忠，號召各地勢力參與，爆發「三藩之亂」。

叛軍迅速占領廣西、福建、廣東、雲南、湖南、四川、陝西等地，戰火波及半個中國。吳三桂雖打出「反清復明」口號，但因其曾引清軍入關，誅殺明宗室，未能獲得廣泛支持。

康熙帝平定三藩

康熙帝親自指揮平叛，採取剿撫並用策略，安撫歸降將領，同時重用忠於清朝的漢族綠營將領，加強戰力。

康熙十四年（西元 1675 年），陝西提督王輔臣響應吳三桂叛亂，煽動寧夏兵變。清軍提督趙良棟受命討伐，迅速平定寧夏與陝西。隨後，清軍進軍四川，連克秦州、西和、禮縣等地，迫使王輔臣投降。

康熙十七年（西元 1678 年），吳三桂在衡州（今衡陽）稱帝，建國號「大周」，年號昭武。然而，數月後即病死，其孫吳世璠繼位，改元洪化。

康熙二十年（西元 1681 年），清軍從湖南、廣西、四川三路進攻雲南，趙良棟率軍猛攻昆明，吳世璠兵敗自殺。歷時八年的三藩之亂終被平定。

三藩之亂的影響

三藩之亂是清朝初期最大的內亂，歷時八年，波及半個中國。康熙帝成功平定叛亂，確立中央集權體制，結束地方軍閥割據局面，為清朝的長期穩定奠定基礎。

第十章 近代中國的內憂外患

導言

清朝從 19 世紀中葉開始，歷經一系列內憂外患，使這個曾經強盛的帝國逐步走向衰亡，並最終在 20 世紀初土崩瓦解。從鴉片戰爭的爆發，到太平天國運動、英法聯軍入侵、中俄伊犁衝突、清法戰爭、中日甲午戰爭，乃至八國聯軍，這些戰爭與動亂徹底改變了中國的命運，也為近代中國的轉型埋下伏筆。

鴉片戰爭（1840 ～ 1842 年）是中國近代史的開端，象徵著西方列強憑藉先進的軍事與經濟優勢，強行打開中國的大門。戰爭以英軍勝利告終，清政府被迫簽訂《南京條約》，割讓香港、開放五口通商，並賠償巨額白銀。此戰改變了中國數千年來的閉關鎖國政策，使中國不得不面對全球貿易體系的衝擊。然而，清政府仍未能認清西方國家的實力，錯誤地以為可以透過傳統的外交與籠絡策略化解外患。鴉片戰爭後的對外開放，使沿海地區的經濟受到資本主義勢力的影響，但同時也造成財富外流，平民生活更加困苦，社會矛盾進一步加深，為日後的內亂埋下伏筆。

隨後爆發的太平天國運動（1851 ～ 1864 年），則是清朝統治危機進一步深化的表現。這場由洪秀全發起的農民起義，不僅挑戰清廷的統治權威，也嘗試建立一個全新的社會制度。太平天國提倡平均土地制度，吸引大批貧苦農民，其勢力迅速擴展，占領南京並建立「天京」政權。然而，由於內部權力鬥爭、政策實施困難以及清朝的強力鎮壓，太平天國最終走向失敗。這場戰爭雖然未能推翻清朝，但卻嚴重削弱了清政府的軍事與財政力量，使其無力再有效應對外國列強的威脅。

英法聯軍入侵（1856 ～ 1860 年）是西方列強進一步控制中國的關鍵事件。英法以清政府拒絕擴大通商權益為藉口，發動第二次鴉片戰爭。戰爭的結果再次證明清朝的軍事落後，英法聯軍攻入北京，焚毀圓明園，並迫使清政府簽訂《天津條約》與《北京條約》，使列強獲得更多特權，如開放更多通商口岸、允許外國使節駐京等。這場戰爭不僅進一步削弱了中國的主權，也使清朝在國際上顏面盡失。西方列強逐漸滲透中國內政，並在沿海地區建立勢力範圍。

清政府在與歐洲列強周旋的同時，亦面臨與鄰國的邊界衝突。其中，中俄伊犁衝突（1871 ～ 1881 年）是清朝與俄國在新疆地區的重大爭端。俄國趁太平天國內亂與英法聯軍侵華之際，占領伊犁地區，並試圖永久控制這一戰略要地。直到左宗棠率軍平定新疆叛亂後，清政府才有能力與俄國交涉，最終在《伊犁條約》中收回部分失地。然而，條約仍然偏向俄國利益，顯示出清政府在國際談判中的被動與無力。

清法戰爭（1884～1885年）則是清朝與西方列強的又一次較量。法國為了擴張在越南的殖民統治，與清朝發生衝突，戰爭爆發後，中國海軍雖在馬江海戰中慘敗，但陸軍在鎮南關戰役取得勝利，使清法最終簽訂《中法條約》。此戰雖未導致中國割讓領土，但卻表現了清朝海軍的薄弱，也使法國進一步鞏固對越南的控制，削弱中國在東南亞的影響力。

真正對中國構成重大打擊的是中日甲午戰爭（1894～1895年）。這場戰爭是清朝與崛起的日本帝國之間的較量，結果清軍在陸海戰場皆遭慘敗，北洋艦隊全軍覆沒，並簽訂喪權辱國的《馬關條約》，割讓臺灣、澎湖群島及遼東半島（後因三國干涉還遼），並支付巨額賠款。此外，清朝還被迫開放更多通商口岸，允許日本在中國設立工廠，使中國經濟進一步受到外國資本的控制。這場戰爭的失敗，徹底顛覆了中國人對「天朝上國」的信仰，許多知識分子開始反思傳統制度的弊端，並推動政治改革，為戊戌變法與辛亥革命奠定了思想基礎。

最後，八國聯軍入侵（1900年）更進一步摧毀了清朝的國際地位。由於義和團運動的反洋情緒高漲，清政府默許民間力量攻擊外國使館，引發英、法、德、俄、美、日、義、奧八國聯軍大舉進攻北京。清軍與義和團雖然頑強抵抗，但最終仍難敵西方列強的先進武器，北京陷落，慈禧太后與光緒皇帝倉皇出逃西安。清政府被迫簽訂《辛丑條約》，賠款四億五千萬兩白銀，允許列強駐軍北京，進一步喪失主權。這場戰爭徹底顯示清朝的腐敗與無能，也使中國人民對清廷失去信心，加速了清朝的滅亡。

總結而言，從鴉片戰爭到八國聯軍入侵的這六十年間，中國歷經內憂外患。這些戰爭不僅加深了中國的貧困與落後，也迫使中國知識分子開始尋找改革與變革的出路。清政府雖在戰爭中屢戰屢敗，但仍堅持守舊，拒絕徹底改革，最終導致政權走向崩潰。這段歷史告訴我們，當一個國家在面對內外危機時，若不能及時進行變革，就會被歷史的洪流所淘汰。這些戰爭雖然帶來巨大災難，卻也在無形中促使中國人覺醒，推動近代民族意識的興起，並為 20 世紀的辛亥革命奠定了基礎。

從禁煙運動到《南京條約》，清朝如何應對西方衝擊

清朝的衰落與西方勢力的崛起

清朝自嘉慶中期以後，國力逐漸衰退，而朝廷仍舊沉浸於「天朝上國」的自滿氛圍之中。與此同時，歐美資本主義國家迅速發展，並將中國視為擴展海外市場的重要目標。外國商人透

過華南地區大量輸入鴉片以牟取暴利，導致白銀外流，嚴重危及中國經濟與社會穩定。這一問題引發朝野關注，成為影響國家存亡的重大議題。

林則徐的禁煙行動

道光十八年（1838 年），官員黃爵滋上奏《重治吸食以嚴禁鴉片》，呼籲政府加強禁煙政策。同年，林則徐提交《籌議嚴禁鴉片的章程折》，旗幟鮮明地支持嚴格查禁鴉片，並提出具體措施，包括廣泛宣傳禁煙令、研製戒煙藥方，以及加強查緝與懲治販賣者。道光帝最終決定採取強硬手段，並於次年委任林則徐為欽差大臣，前往廣東執行禁煙。

林則徐抵達廣州後，詳細調查鴉片走私情況，並採取果斷行動。他責令外國商人交出囤積的鴉片，並要求簽署保證書，承諾不再走私。面對英國駐廣州官員義律的阻撓，林則徐堅決封鎖外國商館，迫使對方交出鴉片。1839 年 6 月，林則徐親自監督銷毀鴉片，在虎門海灘當眾焚毀約兩萬箱毒品，此舉展現中國政府對抗鴉片危害的決心。

鴉片戰爭的爆發

林則徐的禁煙行動激怒了英國政府，英國以保護商業利益為由，決定對中國發動戰爭。1840 年 6 月，英國派遣遠征軍進犯中國沿海，正式展開鴉片戰爭。戰事初期，英軍利用其海軍優勢，迅速攻占浙江定海，並一路北上抵達天津，要求清政府割地賠款。

面對英軍的強勢進攻，道光帝選擇妥協，改派琦善與英方談判，並將林則徐革職。然而，談判期間，英軍進一步強行占領香港，並單方面宣布與琦善簽訂《穿鼻草約》。此舉激怒清廷，最終在 1841 年正式對英宣戰。

清軍的頑強抵抗

戰爭進入白熱化階段，廣東、福建、浙江等地相繼爆發激烈戰鬥。關天培、裕謙等愛國將領奮勇抵抗，但由於武器裝備與戰術上的劣勢，清軍屢遭挫敗。1842 年，英軍長驅直入，攻陷上海、鎮江，直逼南京城下。

《南京條約》的簽訂與影響

1842 年 8 月，清政府在英軍的炮火威脅下，被迫簽訂《南京條約》。該條約成為中國歷史上第一份不平等條約，規定清朝割讓香港島給英國，並開放廣州、廈門、福州、寧波、上海五個通商口岸。此外，英國還獲得協定關稅、領事裁判權及最惠國待遇等特權。

鴉片戰爭對中國的影響

鴉片戰爭不僅打開了中國的大門，也象徵著中國的衰敗。西方列強開始進一步滲透中國，影響其經濟、政治與社會結構。此戰也促使中國部分知識分子與官員開始思考改革，以應對世界局勢的變化。

整體而言，鴉片戰爭改變了中國的歷史進程，使清朝被迫面對全球化的挑戰，並促使日後的改革與現代化運動的興起。

太平天國運動與清朝統治的動搖

清朝內外交困與反抗運動的興起

鴉片戰爭後，清政府在對外屈服於列強壓力的同時，對內則加強高壓統治，導致社會矛盾加劇，人民的不滿日益高漲。此時，中國各地爆發多起反清運動，尤以太平天國的起義規模最大、影響最為深遠。

洪秀全、楊秀清、馮雲山等人，以宗教信仰為號召，吸引大批信徒，組織農民起義，開啟了太平天國運動。1850 年（道光三十年），洪秀全於廣西金田村號召信徒集結，並仿照《周禮》軍制組織軍隊，正式宣布反清起義，建立太平天國。

太平天國的擴張與定都天京

1851 年（咸豐元年），洪秀全自稱「天王」，並封楊秀清、蕭朝貴、馮雲山、韋昌輝、石達開為東、西、南、北、翼王，建立太平天國的領導核心。太平軍突破清軍包圍後，沿湘、贛、皖一路北上，連續攻克重要城市。1853 年，太平軍攻占南京，並將其改名為「天京」，定為首都，正式與清政府形成南北對峙的局面。

洪秀全隨後頒布《天朝田畝制度》，試圖推行土地公有制與均田政策，以吸引廣大貧苦農民。然而，由於戰爭環境嚴峻，加上政策本身的空想性質，這些改革未能真正落實。

北伐與西征的戰略調整

為了擴大勢力，太平天國發動北伐與西征。北伐軍一路挺進，甚至逼近天津，但因孤軍深入、後援不繼，最終被清軍圍剿而全軍覆沒。與此同時，西征軍則成功攻下長江中游的大片土地，並與曾國藩所率的湘軍展開激戰。

內部權力鬥爭與太平天國的衰落

隨著太平天國勢力擴大，內部矛盾也逐漸浮現。洪秀全逐漸退居幕後，將政務交給楊秀清。然而，楊秀清擅權專斷，最終引發內部衝突。1856 年，韋昌輝發動政變，殺害楊秀清及其黨羽，造成「天京事變」。石達開見局勢惡化，選擇率部離開，導致太平天國失去重要將領，元氣大傷。

清軍反攻與太平天國的滅亡

1860 年，太平天國雖一度擊潰清軍的江南大營，解除了天京的包圍，但曾國藩的湘軍迅速整頓，再次對太平軍發動圍剿。1864 年，湘軍攻破天京，洪秀全病逝，其子洪天貴福繼位，但太平天國已無力回天。同年 6 月，天京淪陷，太平天國正式滅亡。

太平天國運動的影響

太平天國運動雖以失敗告終，但它對中國歷史產生深遠影響。這場起義動搖了清朝的統治根基，促使清政府不得不進行「同治中興」的改革。此外，太平天國的部分社會改革理念，也影響了後來的革命運動。

總體而言，太平天國的興亡，既是農民起義的典型案例，也揭示了中國近代歷史變革的複雜性。

英法聯軍入侵與清朝的衰敗

鴉片戰爭後的外交衝突

1842 年，鴉片戰爭結束後，清政府與英國簽訂了《南京條約》，開放通商口岸並割讓香港。然而，條約的履行過程中，雙方摩擦不斷。1849 年，英國駐華公使文翰要求進入廣州城執行條約內容，卻遭廣東巡撫葉名琛拒絕。1852 年，繼任公使包令聯合美、法公使，再次要求與清政府進行修約談判，卻再度碰壁。英國遂以此為藉口，尋機發動戰爭。

1856 年（咸豐六年），英國與法國聯合組成遠征軍，正式發動第二次鴉片戰爭（又稱英法聯軍戰爭）。同年 10 月，英法軍隊攻占廣州周邊防禦要地，並於 11 月發動總攻，迅速占領廣州。葉名琛被俘，清軍潰敗。

天津條約與大沽口戰役

1858 年，英法聯軍沿海北上，攻陷大沽口炮臺，迫使清政府簽訂《天津條約》。該條約規定進一步開放中國市場，並允許外國使節駐京，進一步加強西方列強在中國的影響力。

然而，條約簽訂後，清廷遲遲不予批准，引發英法不滿。1859 年，英法聯軍再次進攻大沽口，遭到僧格林沁指揮的清軍頑強抵抗，最終被迫撤退。這場勝利暫時挽回了清軍的顏面，但僧格林沁的輕敵導致後續戰局惡化。

北京陷落與《北京條約》

1860 年，英法聯軍改變戰略，從北塘登陸，迅速擊潰僧格林沁部隊，攻陷天津，直逼北京。清朝內部陷入混亂，咸豐帝被迫逃往熱河，命其弟奕訢留守北京進行談判。

英法聯軍進入北京後，對清廷施加極大壓力，並在 10 月焚毀圓明園，製造了近代中國歷史上最嚴重的文化浩劫之一。最終，清政府不得不與英法簽訂《北京條約》，進一步割讓土地、開放通商口岸，並允許外國使節長駐北京。

俄國趁勢擴張與《璦琿條約》

在英法聯軍進攻北京之際，俄國趁機向清政府施壓，要求承認 1858 年《璦琿條約》，正式割讓黑龍江以北、烏蘇里江以東的六十多萬平方公里領土給俄國。1860 年，清政府在無力抗拒的情況下，被迫簽訂《北京條約》，進一步喪失外東北廣大領土。

中俄伊犁衝突與新疆收復

俄軍侵占伊犁與清朝的反擊

1870 年，俄國趁中國內亂之機，派兵侵占伊犁，並與中亞浩罕汗國的軍隊合作擴大對新疆地區的控制。這場侵略引發清政府關注。1875 年，左宗棠受命為欽差大臣，負責收復新疆。

左宗棠採取「先北後南」的戰略，穩步進軍新疆，逐步收復烏魯木齊、瑪納斯等地。至 1878 年，除伊犁外，新疆大部分地區已被清軍收復，並成功擊潰浩罕軍隊，阿古柏政權隨之瓦解。

《中俄伊犁條約》的談判與妥協

收復新疆後，左宗棠計劃進一步收復伊犁，並積極備戰。然而，清廷內部主和派占據上風，派崇厚赴俄談判。崇厚未經授權便與俄方簽訂《里瓦幾亞條約》，不僅將霍爾果斯以西大片領土割讓給俄國，還承諾支付巨額賠款。

消息傳回中國後，朝野震怒，崇厚被撤職，改派曾紀澤赴俄重新談判。最終，1881 年簽訂《中俄伊犁條約》，中國成功收回伊犁，但仍不得不付出部分領土與經濟賠償，顯示清政府在外交上的被動局面。

歷史影響與總結

英法聯軍戰爭與俄國侵占伊犁，不僅削弱清朝的統治基礎，也顯示出其軍事與外交的極端脆弱。在這些外患之後，清政府雖試圖進行自強運動，但在內外矛盾交織下，終究無法逆轉國勢衰敗的趨勢。

左宗棠的西征成功收復新疆，並促成新疆建省，確保了中國西部的領土完整。然而，《中俄伊犁條約》的妥協，仍顯示出清政府在列強壓力下的無奈。這一系列事件深刻影響了中國近代歷史，並成為日後革命運動的重要推動因素。

清法戰爭與清朝的外交困境

法國侵越與戰爭爆發

19 世紀後期，法國積極擴張其在東南亞的殖民勢力，逐步侵占越南，並威脅清朝的宗主權。1884 年（光緒十年），法國以越南問題為藉口，派遣艦隊入侵中國沿海，引發清法戰爭。

同年夏，法國海軍突襲福州馬尾，對福建海軍發動攻擊，重創中國艦隊與船廠。隨後，法軍進犯臺灣，但遭到清軍頑強抵抗，被迫撤退。戰爭的主要戰場則集中在中越邊境。

清軍鎮南關大捷

1885 年春，法軍統帥波里也調派增援部隊進攻諒山，準備進一步深入中國邊境。當時，清軍東線統帥潘鼎新消極退卻，導致法軍迅速占領諒山，並一度攻下鎮南關。面對嚴峻局勢，清廷改派馮子材指揮前線軍務。

馮子材抵達戰場後，積極組織防禦，在鎮南關外建立堅固防線。1885 年 2 月，法軍發動猛攻，清軍與越南義勇軍頑強抵抗。馮子材親自上陣，率領將士衝鋒陷陣，成功擊退法軍。鎮南關與諒山大捷使戰局逆轉，法國在越南的軍事行動遭受重大挫敗。

和談與《中法天津條約》

戰爭期間，清軍在多個戰場獲得勝利。然而，清廷內部的主和派，尤其是李鴻章，主張停戰談判。最終，1885 年 4 月，清政府與法國簽訂《中法天津條約》，承認法國在越南的殖民統治，並允許法國在中國西南邊境通商與築路。

清法戰爭雖然在軍事上取得數場勝利，但由於外交上的妥協，最終仍未能阻止法國在越南的擴張，進一步削弱了清朝的國際地位。

中日甲午戰爭與《馬關條約》

日本的擴張與戰爭爆發

明治維新後，日本迅速崛起，積極對外擴張。1894 年（光緒二十年），朝鮮爆發東學黨起義，清政府派兵協助朝鮮王朝平亂。然而，日本藉機大舉增兵朝鮮，並於同年 6 月 23 日突襲中國北洋艦隊，正式引爆中日甲午戰爭。

黃海海戰與北洋艦隊的失敗

1894 年 9 月 17 日，中日雙方在黃海展開大規模海戰。北洋艦隊雖然擁有兩艘鐵甲艦，但整體實力不及日本海軍。戰鬥中，清軍奮勇抵抗，致遠艦管帶鄧世昌率艦試圖衝撞日艦，不幸被擊沉。最終，北洋艦隊損失慘重，被迫撤回威海衛。

戰後，日本陸軍迅速向遼東半島推進，攻陷旅順，並於 1895 年初圍攻威海衛，北洋艦隊被全殲。隨著清軍節節敗退，清政府被迫求和。

《馬關條約》的簽訂與影響

1895 年 4 月，李鴻章代表清政府與日本簽訂《馬關條約》。條約規定中國割讓遼東半島、臺灣與澎湖列島給日本，並支付鉅額賠款。此外，條約允許日本在中國開設工廠，並承認日本對朝鮮半島的控制。

然而，日本對遼東半島的占領，引發俄羅斯、德國與法國的不滿。最終，三國聯合干涉，迫使日本歸還遼東半島，中國則支付三千萬兩白銀作為補償。

戰爭的歷史影響

中日甲午戰爭象徵著清朝的國際地位進一步下滑，也展現出中國軍事現代化的嚴重不足。戰後，列強加強對中國的侵略，並促使清政府展開有限的改革，如「百日維新」。然而，這場戰爭也促使中國知識分子與民間力量反思國家未來，為日後的革命運動埋下伏筆。

八國聯軍入侵與《辛丑條約》

義和團運動的興起

19 世紀末，西方列強加強對中國的經濟控制，爭奪勢力範圍，使中國人與洋人的矛盾日益尖銳。1899 年（光緒二十五年），華北地區掀起義和團運動，義和團以「扶清滅洋」為口號，宣稱練拳可達「刀槍不入」，吸引大量民眾加入。

最初，義和團在山東一帶發展，後迅速擴展至京津地區。1900 年春，清廷內部出現兩種不同意見：以端郡王載漪為首的主戰派支持義和團，認為可利用其力量對抗列強；而榮祿等主和派則主張鎮壓，以避免與西方發生全面衝突。

清廷與義和團聯手對抗列強

隨著義和團勢力日增，清廷最終決定利用其對抗外國勢力。5 月，慈禧太后授權載漪統籌義和團事務，北京城內義和團人數激增，並展開反洋行動，襲擊傳教士與外國使館區。

各國駐華使館對此表示強烈抗議，並向清政府施壓要求鎮壓義和團。然而，清廷不僅未採取行動，反而於 6 月 21 日正式對列強宣戰。隨後，清軍與義和團聯手圍攻北京東交民巷的外國使館區，戰況膠著。

八國聯軍進攻北京

由於清廷對列強宣戰，各國迅速組成八國聯軍，包括英國、法國、德國、俄國、美國、日本、奧匈帝國與義大利，共計兩萬餘人，於 7 月進軍天津，隨後兵分兩路進攻北京。

8 月 14 日，八國聯軍攻陷北京。次日，慈禧太后攜光緒帝倉皇逃往西安。清軍與義和團四散潰逃，北京遭到聯軍大規模掠奪與破壞，圓明園再度遭劫。

《辛丑條約》的簽訂與影響

1901 年（光緒二十七年），清政府與列強簽訂《辛丑條約》，內容包括：

- 清政府賠償各國四億五千萬兩白銀，分 39 年償還，並以關稅與鹽稅作為擔保。
- 北京東交民巷設立使館區，外國軍隊駐紮，清軍不得進入。
- 清政府須下令禁止中國人成立或參與任何反外國組織。
- 撤除天津、大沽等地的防禦工事。
- 列強獲得進一步的商業與駐軍特權。

《辛丑條約》的簽訂，象徵清政府進一步喪失主權，西方列強的影響力大幅擴張。

歷史影響與反思

義和團運動雖展現民族意識，但因缺乏現代軍事訓練與有效領導，最終無法對抗列強的槍炮。此外，清政府利用義和團抗衡西方列強，反而導致八國聯軍入侵，加速了中國主權的喪失。

這場戰爭顯示清政府的腐敗與無能，促使知識分子反思中國的未來，並在隨後的十年間推動變革，最終導致清朝的滅亡與近代中國的轉型。

電子書購買　爽讀 APP

國家圖書館出版品預行編目資料

帝國興衰錄：從王朝更迭看戰爭的影響 / 沈墨然 著 . -- 第一版 . -- 臺北市：複刻文化事業有限公司 , 2025.06

面；　公分

POD 版

ISBN 978-626-428-151-5(平裝)

1.CST: 戰爭 2.CST: 中國史

592.92　　　114007560

帝國興衰錄：從王朝更迭看戰爭的影響

臉書

作　　者：沈墨然

發 行 人：黃振庭

出 版 者：複刻文化事業有限公司

發 行 者：崧燁文化事業有限公司

E-mail：sonbookservice@gmail.com

粉 絲 頁：https://www.facebook.com/sonbookss/

網　　址：https://sonbook.net/

地　　址：台北市中正區重慶南路一段 61 號 8 樓

8F., No.61, Sec. 1, Chongqing S. Rd., Zhongzheng Dist., Taipei City 100, Taiwan

電　　話：(02) 2370-3310　　傳　　真：(02) 2388-1990

印　　刷：京峯數位服務有限公司

律師顧問：廣華律師事務所 張珮琦律師

定　　價：450 元

發行日期：2025 年 06 月第一版

◎本書以 POD 印製